职业院校
艺术设计精品系列教材

Cinema 4D
三维设计与制作

项目式全彩微课版

主编：张俊竹 谭蓉

副主编：王乾春 于众 任智姣

人民邮电出版社

北 京

图书在版编目（CIP）数据

Cinema 4D三维设计与制作：项目式全彩微课版 /
张俊竹，谭蓉主编. -- 北京：人民邮电出版社，
2024.1
职业院校艺术设计精品系列教材
ISBN 978-7-115-62915-9

Ⅰ. ①C… Ⅱ. ①张… ②谭… Ⅲ. ①三维动画软件－
职业教育－教材 Ⅳ. ①TP391.414

中国国家版本馆CIP数据核字(2023)第192206号

内 容 提 要

本书全面、系统地介绍Cinema 4D的基本操作技巧和核心功能，包括初识Cinema 4D，Cinema 4D的基础操作、模型创建、灯光设置、材质赋予、图像渲染、动画技术和综合设计实训等内容。

本书前7个项目先通过"相关知识"部分讲解与项目相关的基础知识，使学生了解Cinema 4D的相关概念；再通过"任务引入"部分给出具体的任务要求；通过"任务知识"部分使学生深入学习软件功能；通过"任务实施"部分使学生熟悉Cinema 4D的工作流程，掌握模型的设计制作方法。项目3～项目7的"项目演练"可以拓展学生的实际应用能力，帮助学生掌握软件的使用技巧。项目8精心安排了商业设计实例，旨在帮助学生掌握商业项目的设计理念和制作方法，顺利达到实战水平。

本书可作为职业院校数字艺术类专业三维设计课程的教材，也可作为Cinema 4D初学者的参考书。

♦ 主　　编　张俊竹　谭　蓉
　　副主编　王乾春　于　众　任智姣
　　责任编辑　王亚娜
　　责任印制　王　郁　焦志炜
♦ 人民邮电出版社出版发行　　北京市丰台区成寿寺路11号
　　邮编　100164　　电子邮件　315@ptpress.com.cn
　　网址　https://www.ptpress.com.cn
　　北京尚唐印刷包装有限公司印刷
♦ 开本：889×1194　1/16
　　印张：12.75　　　　　　　　　　2024年1月第1版
　　字数：263千字　　　　　　　　2024年1月北京第1次印刷

定价：69.80 元

读者服务热线：(010)81055256　印装质量热线：(010)81055316
反盗版热线：(010)81055315
广告经营许可证：京东市监广登字 20170147 号

前 言

PREFACE

Cinema 4D 是一款可用于建模、动画制作以及渲染的专业软件。它功能强大、高效灵活，是三维设计领域流行的软件之一。目前，我国很多职业院校的数字艺术类专业都将 Cinema 4D 列为一门重要的专业课程。本书依照岗位技能要求，引入企业真实案例，进行项目式教学，通过"微课"等立体化的教学手段来支撑课堂教学。

本书全面贯彻党的二十大精神，以社会主义核心价值观为引领，传承中华优秀传统文化，坚定文化自信，使内容更好地体现时代性、把握规律性、富于创造性。根据现代职业院校的教学方向和教学特色，我们对本书的编写体系做了精心的设计。项目 3～项目 7 按照"相关知识—任务引入—任务知识—任务实施—项目演练"这一思路进行编排，能帮助学生在了解软件功能的基础上进行实际操作，以熟悉模型的制作流程，提高应用能力，养成良好的工作习惯。

本书在内容设计方面，力求细致全面、重点突出；在文字叙述方面，做到言简意赅、通俗易懂；在案例选取方面，注重案例的针对性和实用性。

为方便教师教学，除案例的素材及效果文件外，本书还配备微课视频、PPT 课件、教案、教学大纲等丰富的教学资源，任课教师可登录人邮教育社区（www.ryjiaoyu.com）免费下载。

本书的参考学时为 64 学时，各项目的参考学时参见下面的学时分配表。

项目	课程内容	学时分配
项目 1	发现三维图像中的美——初识 Cinema 4D	4
项目 2	熟悉设计工具—— Cinema 4D 基础操作	6
项目 3	搭建创意模型—— Cinema 4D 模型创建	10
项目 4	照亮不同的模型—— Cinema 4D 灯光设置	8
项目 5	添加丰富的材质—— Cinema 4D 材质赋予	8
项目 6	渲染出色的图像—— Cinema 4D 图像渲染	8
项目 7	让模型动起来—— Cinema 4D 动画技术	10
项目 8	掌握商业设计——综合设计实训	10
学时总计		64

由于编者水平有限，书中难免存在不足之处，敬请广大读者批评指正。

编者

2023 年 9 月

目 录
CONTENTS

项目 1　发现三维图像中的美——初识Cinema 4D/1

相关知识

三维图像中的美学与设计 /2

任务1.1　了解Cinema 4D的基本知识/2

1.1.1　任务引入 /2

1.1.2　任务知识：Cinema 4D 概述 /2

1.1.3　任务实施 /2

任务1.2　熟悉Cinema 4D的应用领域/3

1.2.1　任务引入 /3

1.2.2　任务知识：Cinema 4D 的应用领域 /3

1.2.3　任务实施 /4

任务1.3　掌握Cinema 4D的工作流程/5

1.3.1　任务引入 /5

1.3.2　任务知识：Cinema 4D 的工作流程 /5

1.3.3　任务实施 /6

项目 2　熟悉设计工具——Cinema 4D基础操作/7

相关知识

了解三维工具软件 /8

任务2.1　认识Cinema 4D的工作界面/8

2.1.1　任务引入 /8

2.1.2　任务知识：Cinema 4D 的工作界面/8

2.1.3　任务实施 /11

任务2.2　掌握Cinema 4D的文件操作/13

2.2.1　任务引入 /13

2.2.2　任务知识：Cinema 4D 的文件操作 /13

2.2.3　任务实施 /15

项目 3　搭建创意模型——Cinema 4D模型创建/17

相关知识

Cinema 4D 中的常用建模方法 /18

任务3.1　制作美妆电商主图场景模型/18

3.1.1　任务引入 /18

3.1.2　任务知识：参数化对象建模 /18

3.1.3　任务实施 /19

任务3.2　制作食品网店广告活动页中的汽水瓶/21

3.2.1　任务引入 /21

3.2.2　任务知识：生成器建模 /22

3.2.3　任务实施 /23

任务3.3　制作室内场景中的沙发/33

3.3.1　任务引入 /33

3.3.2　任务知识：变形器建模 /34

3.3.3　任务实施 /34

任务3.4　制作电子产品海报中的耳机/40

3.4.1　任务引入 /40

3.4.2　任务知识：多边形建模 /40

3.4.3　任务实施 /42

任务3.5　项目演练——制作家居宣传海报中的卡通小熊/54

3.5.1　任务引入 /54

3.5.2　任务实施 /54

任务3.6　项目演练——制作美妆电商主图中的面霜/54

3.6.1　任务引入 /54

3.6.2　任务实施 /54

项目 4　照亮不同的模型——Cinema 4D灯光设置/55

相关知识

Cinema 4D 灯光的基础知识 /56

任务4.1　使用两点布光照亮电子产品海报中的耳机/59

4.1.1　任务引入 /59

4.1.2　任务知识：两点布光 /60

4.1.3　任务实施 /60

任务4.2　使用三点布光照亮室内场景/62

4.2.1　任务引入 /62

4.2.2　任务知识：三点布光 /62

4.2.3　任务实施 /63

任务4.3　项目演练——使用两点布光照亮家电电商Banner中的吹风机/66

4.3.1　任务引入 /66

4.3.2　任务实施 /66

项目 5　添加丰富的材质——Cinema 4D材质赋予/67

相关知识

材质的创建与赋予 /68

任务5.1　制作金属材质/69

5.1.1　任务引入 /69

5.1.2　任务知识："材质编辑器"对话框中的"颜色"与"反射"面板 /69

5.1.3　任务实施 /70

任务5.2　制作绒布材质/73

5.2.1　任务引入 /73

5.2.2　任务知识："材质编辑器"对话框中的"凹凸"与"法线"面板 /74

5.2.3　任务实施 /74

任务5.3　制作玻璃材质/86

5.3.1　任务引入 /86

5.3.2　任务知识："材质编辑器"对话框中的"发光"与"透明"面板 /86

5.3.3　任务实施 /87

任务5.4　项目演练——制作陶瓷材质/91

5.4.1　任务引入 /91

5.4.2　任务实施 /91

项目 6　渲染出色的图像——Cinema 4D图像渲染/92

相关知识

Cinema 4D 的常用渲染器 /93

任务6.1　渲染电子产品海报中的耳机/94

6.1.1　任务引入 /94

6.1.2　任务知识：环境 /94

6.1.3　任务实施 /95

任务6.2　渲染食品网店广告活动页中的汽水瓶/97

6.2.1　任务引入 /97

6.2.2　任务知识：渲染的相关知识 /97

6.2.3　任务实施 /100

任务6.3　项目演练——渲染家电电商Banner中的吹风机/105

6.3.1　任务引入 /105

6.3.2　任务实施 /106

项目 7　让模型动起来——Cinema 4D动画技术/107

相关知识

Cinema 4D 动画的制作方法 /108

任务7.1　制作云彩飘移动画/108

7.1.1　任务引入 /108

7.1.2　任务知识：时间轴工具、时间线窗口和关键帧动画 /108

7.1.3　任务实施 /109

任务7.2　制作汽水瓶的运动模糊效果/113

7.2.1　任务引入 /113

7.2.2　任务知识：摄像机类型与属性 /114

7.2.3　任务实施 /117

任务7.3　项目演练——制作卡通角色的闭眼动画/122

7.3.1　任务引入 /122

7.3.2　任务实施 /122

项目 8　掌握商业设计——综合设计实训/123

任务8.1　制作美妆电商主图/124

8.1.1　任务引入 /124

8.1.2　设计理念 /124

8.1.3　任务实施 /124

任务8.2　制作家电电商Banner/135

8.2.1　任务引入 /135

8.2.2　设计理念 /135

8.2.3　任务实施 /135

任务8.3　制作电子产品海报/145

8.3.1　任务引入 /145

8.3.2　设计理念 /146

8.3.3　任务实施 /146

任务8.4　制作家居宣传海报/157

8.4.1　任务引入 /157

8.4.2　设计理念 /157

8.4.3　任务实施 /158

任务8.5　制作客厅装修效果图/179

8.5.1　任务引入 /180

8.5.2　设计理念 /180

8.5.3　任务实施 /180

任务8.6　项目演练——制作美食宣传活动页/197

8.6.1　任务引入 /197

8.6.2　任务实施 /198

项目1

发现三维图像中的美——初识 Cinema 4D

本项目将对Cinema 4D的基本知识、应用领域及工作流程进行系统讲解。通过本项目的学习，读者可以对Cinema 4D有一个系统的认识，有助于高效、便利地进行后续Cinema 4D操作的学习。

 学习引导

知识目标
- 了解 Cinema 4D 的基本知识
- 熟悉 Cinema 4D 的应用领域

能力目标
- 掌握 Cinema 4D 的工作流程

素养目标
- 培养对 Cinema 4D 建模的兴趣

相关知识： 三维图像中的美学与设计

三维图像技术在日常生活中的应用非常广泛，如图1-1所示。相较于二维图像来说，三维图像具有真实自然、生动形象的特点，能够给观者带来强烈的视觉冲击力，并展示出极高的艺术欣赏价值，使人有身临其境的感觉。

图 1-1

任务 1.1　了解 Cinema 4D 的基本知识

1.1.1　任务引入

本任务要求读者初步了解 Cinema 4D，并通过网络调研进一步掌握 Cinema 4D 的相关知识。

1.1.2　任务知识：Cinema 4D 概述

Cinema 4D（简称"C4D"）是由德国 Maxon Computer 公司开发的一款软件，在 1993 年从其前身 FastRay 正式更名为 Cinema 4D。截至 2023 年，Cinema 4D 已发展到 2023 版本。它比之前的版本更加注重工作流程的便捷性和高效性，即便是新用户，也能在较短的时间内入门。在 Cinema 4D 中，无论是个人独立设计还是团队合作，都能做出令人惊叹的效果。

1.1.3　任务实施

启动浏览器，打开百度百科官网，在搜索框中输入关键词"Cinema 4D"，按 Enter 键进入检索页面，如图 1-2 所示。

（a）百度百科首页

（b）Cinema 4D 检索页

图 1-2

任务 1.2　熟悉 Cinema 4D 的应用领域

1.2.1　任务引入

本任务要求读者先了解 Cinema 4D 的应用领域，然后到花瓣网搜索并收藏用 Cinema 4D 制作的电商海报，赏析优秀作品，提高鉴赏水平。

1.2.2　任务知识：Cinema 4D 的应用领域

随着软件功能的不断加强和更新，Cinema 4D 的应用领域也越发广泛，如平面设计、包装设计、电商设计、UI 设计、工业设计、游戏设计、建筑设计、动画设计、栏目包装设计、影视特效制作等领域。在这些领域中，设计师将 Cinema 4D 和其他软件结合使用，创造出来的设计作品带给观者全新的视觉体验。示例作品如图 1-3 所示。

图 1-3

1.2.3 任务实施

（1）打开花瓣网官网，单击右上角的"登录/注册"按钮，如图 1-4 所示，在弹出的对话框中选择登录方式并登录，如图 1-5 所示。

图 1-4   图 1-5

（2）在搜索框中输入关键词"C4D 电商海报"，如图 1-6 所示，按 Enter 键进入搜索页面。

图 1-6

（3）单击页面上方的"画板"选项卡，选择需要的类别。单击"关注"按钮，如图 1-7 所示，收藏需要的画板。

图 1-7

任务 1.3 掌握 Cinema 4D 的工作流程

1.3.1 任务引入

本任务要求读者先了解 Cinema 4D 的工作流程，然后到花瓣网搜集用 Cinema 4D 制作的图片，积累创作素材。

1.3.2 任务知识：Cinema 4D 的工作流程

Cinema 4D 的工作流程分为建立模型、设置摄像机、设置灯光、赋予材质、制作动画、渲染输出六大步骤，如图 1-8 所示。

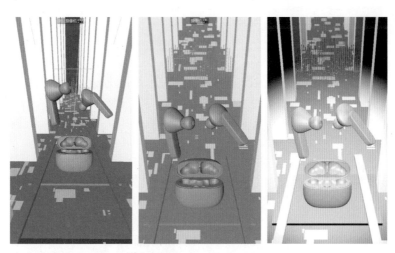

（a）建立模型　　　　（b）设置摄像机　　　　（c）设置灯光

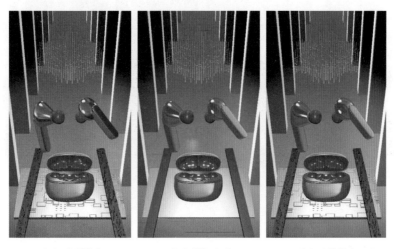

（d）赋予材质　　　　（e）制作动画　　　　（f）渲染输出

图 1-8

1.3.3　任务实施

（1）打开花瓣网官网，单击右上角的"登录 / 注册"按钮，如图 1-9 所示，在弹出的对话框中选择登录方式并登录，如图 1-10 所示。

图 1-9　　　　　　　　　　　　　　　　　图 1-10

（2）在搜索框中输入关键词"C4D 耳机"，如图 1-11 所示，按 Enter 键进入搜索页面。

关注　发现　🔍 C4D耳机

图 1-11

（3）选择需要的参考图，单击"采集"按钮，如图 1-12 所示，采集需要的图片。

图 1-12

项目2

熟悉设计工具——Cinema 4D 基础操作

02

想要学好Cinema 4D，掌握Cinema 4D的基本工具和基本操作是必要的。本项目将对Cinema 4D的工作界面以及文件操作等进行系统讲解。通过本项目的学习，读者可以对Cinema 4D的基本操作有一个全面的认识，为之后的深入学习打下坚实的基础。

 学习引导

知识目标

- 熟悉 Cinema 4D 的工作界面
- 熟悉 Cinema 4D 的文件操作

能力目标

- 了解并熟悉 Cinema 4D 工作界面的构成
- 掌握 Cinema 4D 的基本文件操作方法

素养目标

- 提高计算机操作水平
- 培养自学能力

相关知识： 了解三维工具软件

在三维设计领域，经常使用的主流软件有 Cinema 4D、3D Studio Max、Maya 和 Rhinoceros，这 4 款软件都有自己鲜明的功能特色。要想根据创意制作出优秀的三维作品，就需要灵活使用这 4 款软件，根据不同的设计需要选择合适的软件，对软件的优势加以利用，从而便捷、高效地进行设计制作。

任务 2.1   认识 Cinema 4D 的工作界面

2.1.1   任务引入

本任务要求读者熟悉 Cinema 4D 的工作界面，并通过创建立方体对象，掌握工具栏和"对象"面板的使用方法；通过调节立方体形态，掌握"属性"面板、"坐标"面板和模式工具栏的使用方法；通过切换视图窗口，了解不同的视图窗口。

2.1.2   任务知识：Cinema 4D 的工作界面

Cinema 4D 的工作界面分为 10 个部分，分别是标题栏、菜单栏、工具栏、模式工具栏、视图窗口、"对象"面板、"材质"面板、"属性"面板、"时间线"面板、"坐标"面板，如图 2-1 所示。

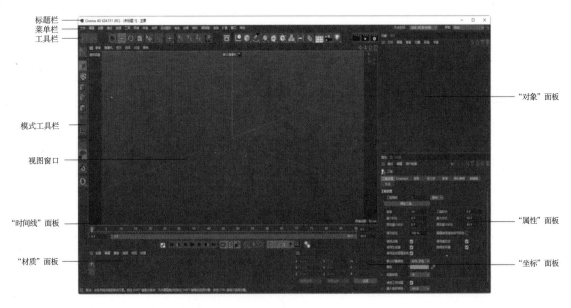

图 2-1

1 标题栏

Cinema 4D 的标题栏位于界面顶端，显示软件版本和当前工程项目的名称等信息，如图 2-2 所示。

图 2-2

2 菜单栏

Cinema 4D 的菜单栏位于标题栏下方，包含了 Cinema 4D 的大部分功能和命令，如图 2-3 所示。

图 2-3

3 工具栏

Cinema 4D 的工具栏位于菜单栏下方，它对 Cinema 4D 中使用频率很高的功能进行了分类集合，如图 2-4 所示。

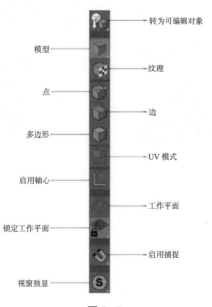

图 2-4

4 模式工具栏

Cinema 4D 的模式工具栏位于界面左侧，具有切换模型点 / 线 / 面等功能，它与工具栏的作用大致相同，集合了一些常用的命令和工具，如图 2-5 所示。

图 2-5

⑤ 视图窗口

Cinema 4D 的视图窗口位于界面正中间，用于编辑与观察模型，默认显示透视视图，如图 2-6 所示。

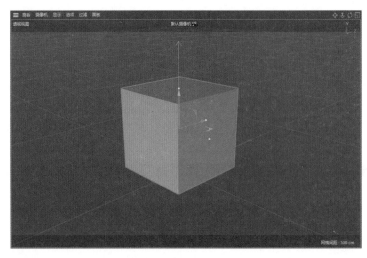

图 2-6

⑥ "对象"面板

Cinema 4D 的"对象"面板位于界面右上方，显示所有对象和对象之间的层级关系，如图 2-7 所示。

⑦ "属性"面板

Cinema 4D 的"属性"面板位于界面右下方，用于调节所有对象、工具和命令的属性，如图 2-8 所示。

图 2-7

图 2-8

⑧ "时间线"面板

Cinema 4D 的"时间线"面板位于视图窗口的下方，用于调节动画效果，如图 2-9 所示。

⑨ "材质"面板

Cinema 4D 的"材质"面板位于界面底部左侧，用于管理场景中的材质。双击面板的空白区域，可以创建材质球，如图 2-10 所示。双击材质球，会弹出"材质编辑器"对话框，在该对话框中可以调节材质的属性，如图2-11所示。

图2-9

图2-10

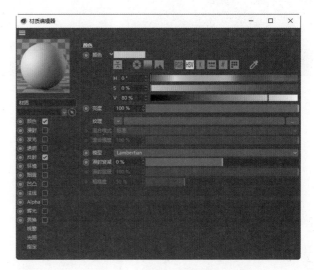

图2-11

⑩ "坐标"面板

Cinema 4D 的"坐标"面板位于"材质"面板的右侧，用于调节所有模型在三维空间中的坐标、尺寸和旋转角度等参数，如图2-12所示。

图2-12

2.1.3 任务实施

（1）启动 Cinema 4D。选择"立方体"工具，"对象"面板中会生成一个"立方体"对象，如图2-13所示，视图窗口中的效果如图2-14所示。

图2-13

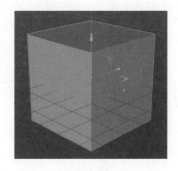

图2-14

（2）在"属性"面板的"对象"选项卡中，设置"尺寸 .X"为 300cm，其他选项的设置如图2-15所示。视图窗口中的效果如图2-16所示。单击"转为可编辑对象"按钮，将对象转为可编辑对象，如图2-17所示。

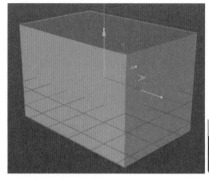

图 2-15　　　　　　　　　　　　　图 2-16　　　　　　　　　　　　　图 2-17

（3）单击"边"按钮，切换到边模式。在视图窗口中选中需要的边，如图 2-18 所示。在"坐标"面板的"位置"选项组中，设置"Y"为 200cm，其他选项的设置如图 2-19 所示。视图窗口中的效果如图 2-20 所示。

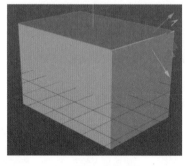

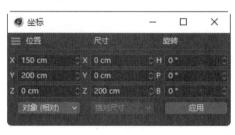

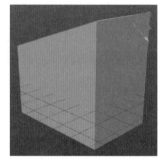

图 2-18　　　　　　　　　　　　　图 2-19　　　　　　　　　　　　　图 2-20

（4）在视图窗口中单击鼠标中键，视图会从默认的透视视图切换为四视图，包括透视视图、顶视图、右视图、正视图，如图 2-21 所示。如果需切换视图，在需要的视图界面中再次单击鼠标中键即可。除此之外，还可以在"摄像机"菜单中切换不同的视图，如图 2-22 所示。

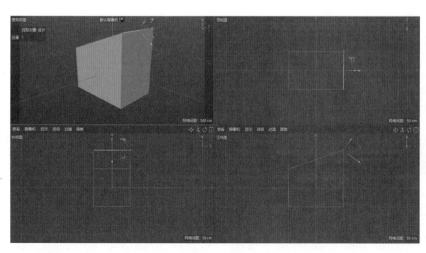

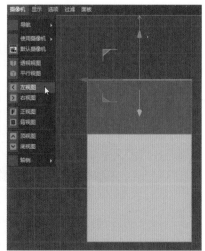

图 2-21　　　　　　　　　　　　　　　　　　　图 2-22

任务 2.2　掌握 Cinema 4D 的文件操作

2.2.1　任务引入

本任务要求读者通过新建文件和保存文件等操作熟悉常用的快捷键，通过打开文件、合并文件和导出文件等操作熟悉常用的菜单命令。

2.2.2　任务知识：Cinema 4D 的文件操作

在 Cinema 4D 中，常用的文件操作命令基本集中在"文件"菜单中，如图 2-23 所示。下面具体介绍几种常见的文件操作。

图 2-23

❶ 新建文件

文件的新建是 Cinema 4D 中最基本的操作之一。选择"文件 > 新建项目"命令，或按 Ctrl+N 组合键，即可新建文件，默认文件名为"未标题 1"。

❷ 打开文件

选择"文件 > 打开项目"命令，或按 Ctrl+O 组合键，弹出"打开文件"对话框，如图 2-24 所示，在对话框中选择文件，确认文件类型和名称，单击"打开"按钮，或直接双击文件，即可打开选中的文件。

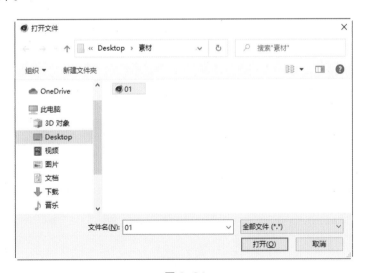

图 2-24

❸ 合并文件

Cinema 4D 的工作界面中只能显示单个文件，因此当打开多个文件时，浏览其他文件则需要在"窗口"菜单的底端进行切换，如图 2-25 所示。

选择"文件 > 合并项目"命令，或按 Ctrl+Shift+O 组合键，弹出"打开文件"对话框，在对话框中选择需要合并的文件，单击"打开"按钮，即可将所选文件合并到当前的场景中，如图 2-26 所示。

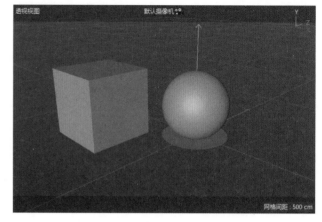

图 2-25　　　　　　　　　　　　　　　　　　　图 2-26

4　保存文件

文件编辑完成后，需要将文件保存，以便下次打开继续操作。

选择"文件 > 保存项目"命令，或按 Ctrl+S 组合键，可以保存文件。当对编辑完成的文件进行第一次保存时，会弹出"保存文件"对话框，如图 2-27 所示，单击"保存"按钮，即可将文件保存。当对已经保存过的文件进行编辑操作后，选择"文件 > 保存项目"命令，将不弹出"保存文件"对话框，计算机会直接保存最终确认的结果，并覆盖原始文件。

图 2-27

5　保存为工程文件

包含贴图素材的文件编辑完成后也需要保存，避免贴图素材丢失。

选择"文件 > 保存工程（包含资源）"命令，可以将文件保存为工程文件，文件中用到的贴图素材也将保存到工程文件夹中，如图 2-28 所示。

6 导出文件

在 Cinema 4D 中可以将文件导出为 .3ds、.xml、.dxf、.obj 等多种格式，以便在其他软件中打开文件继续编辑。

选择"文件 > 导出"命令，在弹出的子菜单中选择需要的文件格式，如图 2-29 所示。在弹出的对话框中单击"确定"按钮，弹出"保存文件"对话框，单击"保存"按钮，即可将文件导出。

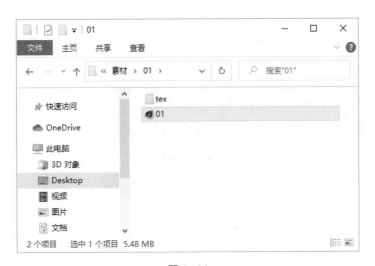

图 2-28

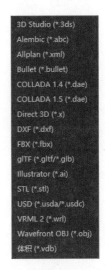

图 2-29

2.2.3 任务实施

（1）启动 Cinema 4D。选择"文件 > 打开项目"命令，在弹出的"打开文件"对话框中，选择云盘中的"Ch02 > 使用软件进行基础的文件操作 > 素材 > 01.c4d"文件，单击"打开"按钮，打开文件，视图窗口中的效果如图 2-30 所示。

（2）在"对象"面板中选中"高脚杯"对象组，如图 2-31 所示，按 Ctrl+C 组合键复制对象组。按 Ctrl+N 组合键，新建文件。按 Ctrl+V 组合键粘贴对象组，视图窗口中的效果如图 2-32 所示。

图 2-30

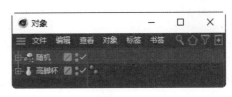

图 2-31

图 2-32

（3）单击"编辑渲染设置"按钮 ⚙️，弹出"渲染设置"对话框，在"输出"选项组中设置"宽度"为800像素，"高度"为800像素，如图2-33所示，单击"关闭"按钮，关闭对话框。

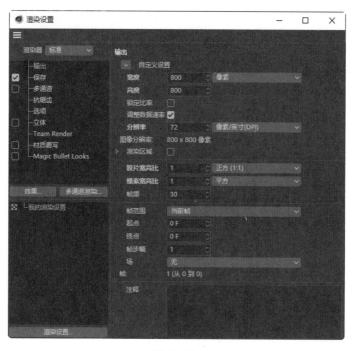

图 2–33

（4）选择"文件 > 合并项目"命令，在弹出的"打开文件"对话框中，选择云盘中的"Ch02 > 使用软件进行基础的文件操作 > 素材 > 02.c4d"文件，单击"打开"按钮，打开文件，视图窗口中的效果如图2-34所示。

（5）按 Ctrl+S 组合键，弹出"保存文件"对话框，选择文件的保存路径，单击"保存"按钮，保存文件。

（6）选择"文件 > 导出"命令，在弹出的子菜单中选择"3D Studio（ * .3ds）"，弹出对话框，如图2-35所示，单击"确定"按钮，弹出"保存文件"对话框，单击"保存"按钮，即可将文件导出为 .3ds 格式。

图 2–34

图 2–35

项目3

搭建创意模型——Cinema 4D 模型创建

03

Cinema 4D中的建模即在视图窗口中创建三维模型，后续的各种效果都是在模型的基础上进行展现的。本项目将对Cinema 4D的参数化对象建模、生成器建模、变形器建模、多边形建模等建模技术进行系统讲解。通过本项目的学习，读者可以对Cinema 4D的建模技术有一个全面的认识，并可以快速掌握常用模型的制作技术与技巧。

学习引导

知识目标

- 掌握参数化对象建模、生成器建模的常用工具
- 掌握变形器建模、多边形建模的常用工具

能力目标

- 掌握参数化对象建模、生成器建模的方法和技巧
- 掌握变形器建模、多边形建模的方法和技巧

实训项目

- 制作美妆电商主图场景模型
- 制作食品网店广告活动页中的汽水瓶
- 制作室内场景中的沙发
- 制作电子产品海报中的耳机

素养目标

- 培养良好的建模习惯
- 培养空间想象力

相关知识： **Cinema 4D中的常用建模方法**

在 Cinema 4D 中，建立模型的方法有参数化对象建模、生成器建模、变形器建模、多边形建模、体积建模以及雕刻建模等。

其中，参数化对象建模属于基础建模方法，该方法通常使用 Cinema 4D 中预置的模型进行组合。生成器建模、变形器建模是最常用的建模方法，使用这两种方法能够对基础的模型进行形态上的调整，经过组合调整，可以制作出多种多样的模型效果。多边形建模是高级建模方法，也是非常核心的一种建模方法，使用该方法可以快速搭建各种精细、复杂的模型。体积建模与雕刻建模是两种比较特殊的建模方法，其中体积建模常用于搭建卡通角色模型等，雕刻建模常用于搭建甜甜圈模型等，通过调整后能够使单个或多个基础模型的表现更佳。这些强大、便捷的 Cinema 4D 建模方法为组建丰富、真实的三维世界奠定了基础。示例模型如图 3-1 所示。

图 3-1

任务 3.1   制作美妆电商主图场景模型

任务 3.1 微课

3.1.1   任务引入

本任务要求读者通过制作美妆电商主图场景模型，了解参数化对象工具的使用方法，掌握参数化对象建模的方法。

3.1.2   任务知识：参数化对象建模

① 平面

"平面"工具 的使用非常广泛，通常被用于建立地面和墙面。在场景中创建平面后，"属性"面板中会显示该平面对象的参数设置，如图 3-2 所示，可以调节"宽度""高度""方向"等选项。

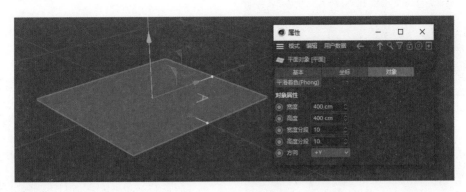

图 3-2

2 圆柱体

"圆柱体"工具 ▮ 圆柱体 同样是常用的工具。在场景中创建圆柱体后,"属性"面板中会显示该圆柱体对象的参数设置,如图3-3所示。其常用的参数位于"对象""封顶""切片"3个选项卡中。

3 球体

"球体"工具 ● 球体 也是常用的工具。在场景中创建球体后,"属性"面板中会显示该球体对象的参数设置,如图3-4所示。单击"类型"右侧的下拉按钮,可以在弹出的下拉菜单中选择需要的球体类型,既可以选择创建完整球体,也可以选择创建半球体或球体的某个部分。

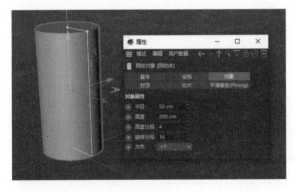

图 3-3

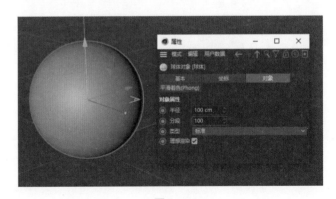

图 3-4

3.1.3 任务实施

(1)启动 Cinema 4D。单击"编辑渲染设置"按钮 ⚙,弹出"渲染设置"对话框,在"输出"选项组中设置"宽度"为 800 像素,"高度"为 800 像素,如图 3-5 所示,单击"关闭"按钮,关闭对话框。

(2)选择"平面"工具 ▮,"对象"面板中会生成一个"平面"对象,将其重命名为"地面"。在"属性"面板的"对象"选项卡中,设置"宽度"为 1400cm,"高度"为 1400cm。视图窗口中的效果如图 3-6 所示。

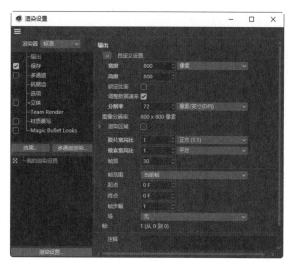

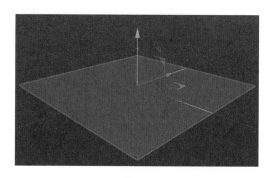

图 3-5　　　　　　　　　　　　　　　　　　　图 3-6

（3）选择"平面"工具，"对象"面板中会生成一个"平面"对象，将其重命名为"背景"。在"属性"面板的"对象"选项卡中，设置"宽度"为 1400cm，"高度"为 1400cm，"方向"为"+Z"，如图 3-7 所示。

（4）选择"空白"工具，"对象"面板中会生成一个"空白"对象，将其重命名为"地面背景"。将"地面"对象和"背景"对象拖到"地面背景"对象的下方，如图 3-8 所示。折叠"地面背景"对象组。

图 3-7　　　　　　　　　　　　　　　　　　　图 3-8

（5）选择"圆柱体"工具，"对象"面板中会生成一个"圆柱体"对象。在"属性"面板的"对象"选项卡中，设置"半径"为 35cm，"高度"为 250cm，"旋转分段"为 32；在"封顶"选项卡中，勾选"圆角"复选框，设置"半径"为 2cm。在"坐标"面板的"位置"选项组中，设置"X"为 90cm，"Y"为 125cm，"Z"为 -138cm，如图 3-9 所示。视图窗口中的效果如图 3-10 所示。

（6）使用相同的方法再新建 6 个圆柱体对象，并分别进行设置，制作出图 3-11 所示的效果。在"对象"面板中框选所有圆柱体对象并进行编组，将对象组重命名为"底座"，如图 3-12 所示。折叠"底座"对象组。

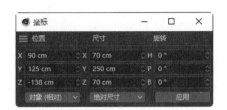

图 3-9

图 3-10

图 3-11

图 3-12

（7）选择"球体"工具🔵，"对象"面板中会生成一个"球体"对象。在"属性"面板的"对象"选项卡中，设置"半径"为7cm。在"坐标"面板的"位置"选项组中，设置"X"为68cm，"Y"为7cm，"Z"为-311cm。使用相同的方法再新建5个球体对象，并分别进行设置，制作出图3-13所示的效果。在"对象"面板中框选所有球体对象并进行编组，将对象组重命名为"装饰球"。折叠"装饰球"对象组。

（8）选择"空白"工具🔳，"对象"面板中会生成一个"空白"对象，将其重命名为"场景"。框选需要的对象组。将选中的对象组拖到"场景"对象的下方，如图3-14所示。折叠"场景"对象组。美妆电商主图场景模型制作完成。

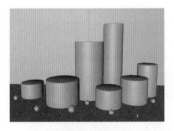

图 3-13

图 3-14

任务 3.2 制作食品网店广告活动页中的汽水瓶

任务 3.2 微课

3.2.1 任务引入

本任务要求读者通过制作食品网店广告活动页中的汽水瓶，了解生成器工具的使用方法，掌握生成器建模的方法。

3.2.2   任务知识：生成器建模

① 细分曲面

"细分曲面"生成器 ▣ 细分曲面 是常用的三维设计雕刻工具，它通过为对象的点、线、面增加权重，以及对对象表面进行细分，能够将边缘锐利的对象变得圆滑，如图3-15所示。在"对象"面板中，把要修改的对象作为"细分曲面"生成器的子对象，这样对象表面就会被细分。

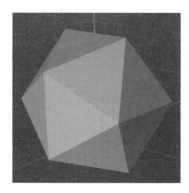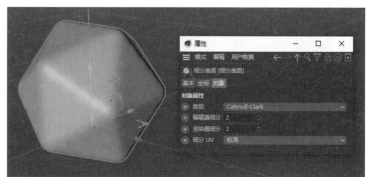

图3-15

② 对称

使用"对称"生成器 ▣ 对称 可以对绘制的参数化对象进行镜像复制，复制得到的对象会继承原对象的所有属性，如图3-16所示。"属性"面板中会显示对称对象的参数设置，其常用的参数位于"对象"选项卡中。在"对象"面板中，把需要修改的对象作为"对称"生成器的子对象，这样就可以为对象生成对称效果。

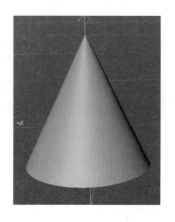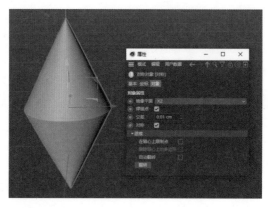

图3-16

③ 旋转

使用"旋转"生成器 ▣ 旋转 可以将绘制的样条围绕y轴旋转任意角度，从而得到一个三维模型，如图3-17所示。"属性"面板中会显示旋转对象的参数设置，其常用的参数分布在"对象""封盖""选集"3个选项卡中。在"对象"面板中，把需要修改的样条作为"旋转"生成器的子对象，这样该样条就会围绕y轴旋转，生成三维模型。

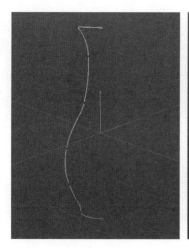
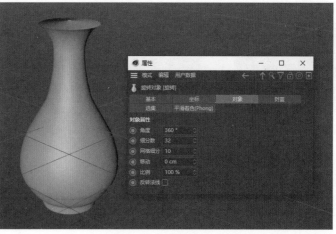

图 3-17

3.2.3　任务实施

（1）启动 Cinema 4D。单击"编辑渲染设置"按钮，弹出"渲染设置"对话框。在"输出"选项组中设置"宽度"为 750 像素，"高度"为 1106 像素，如图 3-18 所示，单击"关闭"按钮，关闭对话框。

（2）按 F4 键切换到正视图。选择"样条画笔"工具，在视图窗口中适当的位置分别单击，创建 19 个节点，按 Esc 键确定操作，如图 3-19 所示。"对象"面板中会生成一个"样条"对象，如图 3-20 所示。

图 3-18

图 3-19

图 3-20

（3）单击"点"按钮，切换为点模式。选择"实时选择"工具，在视图窗口中选中需要的点，如图 3-21 所示。在"坐标"面板的"位置"选项组中，设置"X"为 -103cm，"Y"为 143.6cm，"Z"为 0cm，如图 3-22 所示。视图窗口中的效果如图 3-23 所示。

图 3-21

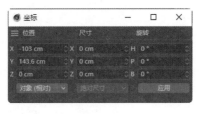
图 3-22

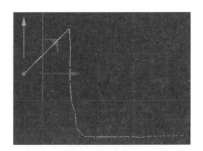
图 3-23

（4）在视图窗口中选中需要的点，如图 3-24 所示。在"坐标"面板的"位置"选项组中，设置"X"为 -104.4cm，"Y"为 142.1cm，"Z"为 0cm，如图 3-25 所示。视图窗口中的效果如图 3-26 所示。

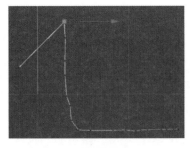

图 3-24

图 3-25

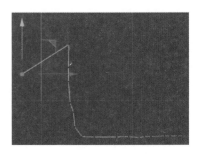
图 3-26

（5）使用相同的方法，在视图窗口中选中需要的点。在"坐标"面板的"位置"选项组中，设置"X"为 -104.5cm，"Y"为 140.4cm，"Z"为 0cm，如图 3-27 所示。在视图窗口中选中需要的点，在"坐标"面板的"位置"选项组中，设置"X"为 -103.6cm，"Y"为 138.8cm，"Z"为 0cm，如图 3-28 所示。在视图窗口中选中需要的点，在"坐标"面板的"位置"选项组中，设置"X"为 -104.2cm，"Y"为 137cm，"Z"为 0cm，如图 3-29 所示。

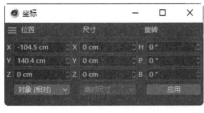
图 3-27

图 3-28

图 3-29

（6）在视图窗口中选中需要的点，在"坐标"面板的"位置"选项组中，设置"X"为 -104.7cm，"Y"为 135.3cm，"Z"为 0cm，如图 3-30 所示。在视图窗口中选中需要的点，在"坐标"面板的"位置"选项组中，设置"X"为 -104cm，"Y"为 133.6cm，"Z"为 0cm，如图 3-31 所示。在视图窗口中选中需要的点，在"坐标"面板的"位置"选项组中，设置"X"为 -108.6cm，"Y"为 80cm，"Z"为 0cm，如图 3-32 所示。

（7）在视图窗口中选中需要的点，在"坐标"面板的"位置"选项组中，设置"X"为 -109.6cm，"Y"为 76.2cm，"Z"为 0cm，如图 3-33 所示。在视图窗口中选中需要的点，在"坐标"面板的"位置"选项组中，设置"X"为-114.7cm，"Y"为68cm，"Z"为0cm，如图3-34所示。在视图窗口中选中需要的点，在"坐标"面板的"位置"选项组中，设置"X"为-120cm，"Y"为57cm，"Z"为0cm，如图3-35所示。

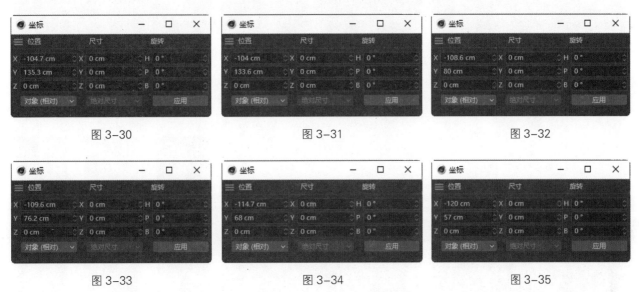

图3-30　　　　　　　　　　图3-31　　　　　　　　　　图3-32

图3-33　　　　　　　　　　图3-34　　　　　　　　　　图3-35

（8）在视图窗口中选中需要的点，在"坐标"面板的"位置"选项组中，设置"X"为-121.5cm，"Y"为45cm，"Z"为0cm，如图3-36所示。在视图窗口中选中需要的点，在"坐标"面板的"位置"选项组中，设置"X"为-121.3cm，"Y"为-49cm，"Z"为0cm，如图3-37所示。在视图窗口中选中需要的点，在"坐标"面板的"位置"选项组中，设置"X"为-121.4cm，"Y"为-50cm，"Z"为0cm，如图3-38所示。

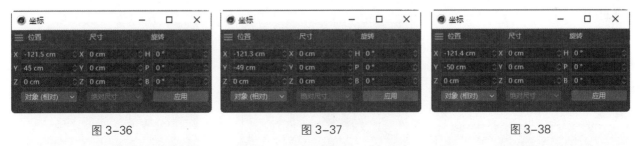

图3-36　　　　　　　　　　图3-37　　　　　　　　　　图3-38

（9）在视图窗口中选中需要的点，在"坐标"面板的"位置"选项组中，设置"X"为-121.4cm，"Y"为-55.5cm，"Z"为0cm，如图3-39所示。在视图窗口中选中需要的点，在"坐标"面板的"位置"选项组中，设置"X"为-120.6cm，"Y"为-61.4cm，"Z"为0cm，如图3-40所示。在视图窗口中选中需要的点，在"坐标"面板的"位置"选项组中，设置"X"为-119.6cm，"Y"为-64cm，"Z"为0cm，如图3-41所示。

（10）在视图窗口中选中需要的点，在"坐标"面板的"位置"选项组中，设置"X"为-117cm，"Y"为-65cm，"Z"为0cm，如图3-42所示。在视图窗口中选中需要的点，在"坐标"面板的"位置"选项组中，设置"X"为-94cm，"Y"为-65cm，"Z"为0cm，如图3-43所示。视图窗口中的效果如图3-44所示。按Ctrl+A组合键全选节点，如图3-45所示。

在节点上单击鼠标右键，在弹出的菜单中选择"柔性差值"命令，效果如图3-46所示。

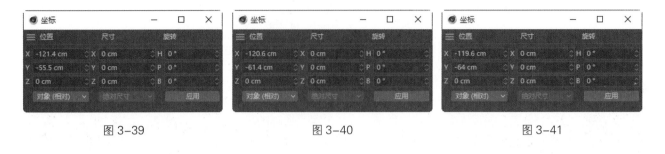

图 3-39   图 3-40   图 3-41

图 3-42   图 3-43   图 3-44   图 3-45   图 3-46

（11）选择"旋转"工具，"对象"面板中会生成一个"旋转"对象。将"样条"对象拖到"旋转"对象的下方，如图3-47所示。视图窗口中的效果如图3-48所示。水平向右拖曳 x 轴到适当的位置，制作出图3-49所示的效果。

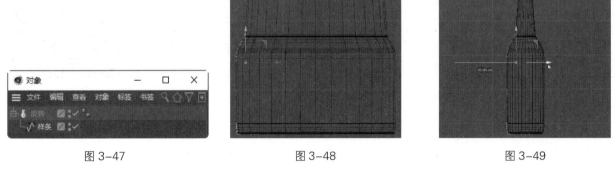

图 3-47   图 3-48   图 3-49

（12）在"对象"面板中选中"旋转"对象组，单击鼠标右键，在弹出的菜单中选择"连接对象+删除"命令，将该组中的对象连接，并将其重命名为"瓶身"，如图3-50所示。按住Ctrl键的同时向上拖曳"瓶身"对象，松开鼠标左键即可复制对象，并自动生成一个"瓶身.1"对象，将其重命名为"饮料"，如图3-51所示。

（13）单击"模型"按钮，切换为模型模式。选择"移动"工具，选择"网格>轴心>轴对齐"命令，弹出"轴对齐"对话框，勾选"点中心""包括子级""使用所有对象""自动更新"复选框，如图3-52所示，单击"执行"按钮，将对象与轴居中对齐。

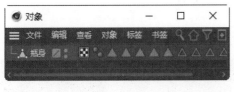

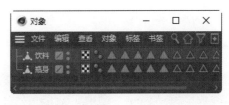

图3-50　　　　　　　　　　　　　　　　　图3-51

（14）选择"缩放"工具，按住鼠标左键进行拖曳，直至缩放比例显示为85%，如图3-53所示。选择"框选"工具，垂直向下拖曳y轴到适当的位置，制作出图3-54所示的效果。

图3-52　　　　　　　　　图3-53　　　　　　　　　图3-54

（15）单击"点"按钮，切换为点模式。在视图窗口中单击鼠标右键，在弹出的菜单中选择"循环切割"命令，在视图窗口中单击切割需要的面，在"属性"面板中设置"偏移"为98%，如图3-55所示。视图窗口中的效果如图3-56所示。

图3-55　　　　　　　　　　　　　　　　　图3-56

（16）在视图窗口中框选需要的点，如图3-57所示，按Delete键将选中的点删除，如图3-58所示。再次框选需要的点，如图3-59所示，垂直向上拖曳y轴到适当的位置，制作出图3-60所示的效果。

（17）单击"边"按钮，切换为边模式。按F1键切换到透视视图，如图3-61所示。选中需要的边，选择"缩放"工具，按住Ctrl键的同时进行拖曳，复制并缩放选中的边，效果如图3-62所示。

（18）单击"点"按钮，切换为点模式。在视图窗口中单击鼠标右键，在弹出的菜单中选择"焊接"命令，在适当的位置单击以焊接对象。视图窗口中的效果如图3-63所示。选择"平面"工具██，"对象"面板中会生成一个"平面"对象，如图3-64所示。

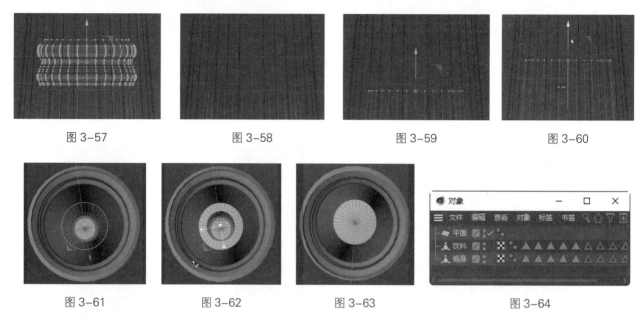

　图 3-57　　　　　　　　图 3-58　　　　　　　　图 3-59　　　　　　　　图 3-60

　图 3-61　　　　　　　　图 3-62　　　　　　　　图 3-63　　　　　　　　图 3-64

（19）在"属性"面板的"对象"选项卡中，设置"宽度"为54.3cm，"高度"为78.2cm，"宽度分段"为2，"高度分段"为2，如图3-65所示；在"坐标"选项卡中，设置"P.X"为0cm，"P.Y"为-1.6cm，"P.Z"为-40.2cm，"R.H"为0°，"R.P"为90°，"R.B"为0°，如图3-66所示。视图窗口中的效果如图3-67所示。

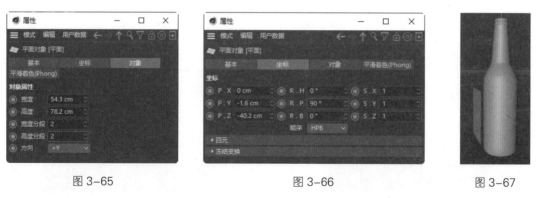

　　　图 3-65　　　　　　　　　　　图 3-66　　　　　　　　　　图 3-67

（20）用鼠标右键单击"对象"面板中的"平面"对象，在弹出的菜单中选择"转为可编辑对象"命令，将其转为可编辑对象，如图3-68所示。按F4键切换到正视图。选择"框选"工具██，按住Shift键的同时，在视图窗口中框选需要的点，如图3-69所示，按Delete键将选中的点删除，效果如图3-70所示。

（21）选择"对称"工具██，"对象"面板中会生成一个"对称"对象。将"平面"对象拖到"对称"对象的下方，如图3-71所示。再次选择"对称"工具██，"对象"面板中会生成一个"对称.1"对象。将"对称"对象组拖到"对称.1"对象的下方，如图3-72所示。选中"对称.1"对象组，在"属性"面板的"对象"选项卡中，设置"镜像平面"为"XZ"，"公差"为2cm，如图3-73所示。使用相同的方法，选中"对称"对象组，在"属性"面板的"对象"选项卡中设置"公差"为2cm。

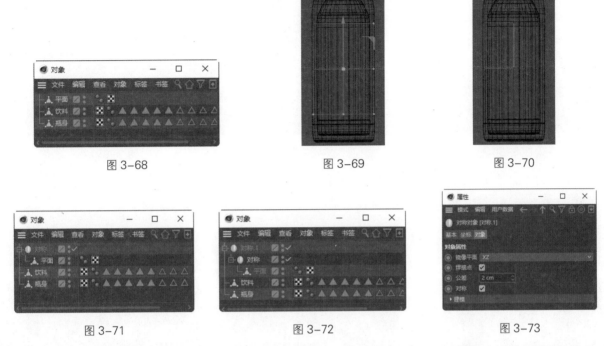

图3-68　　　　　　　　图3-69　　　　　　　　图3-70

图3-71　　　　　　　　　图3-72　　　　　　　　图3-73

（22）在"对象"面板中选中"平面"对象，选择"框选"工具■，选中需要的点，如图3-74所示，垂直向下拖曳 y 轴到适当的位置，如图3-75所示。使用相同的方法，水平向右拖曳 x 轴到适当的位置，如图3-76所示。框选需要的点，如图3-77所示，垂直向上拖曳 y 轴到适当的位置，如图3-78所示。

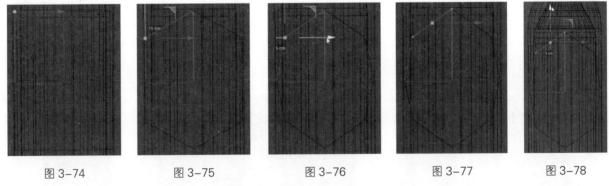

图3-74　　　　　图3-75　　　　　图3-76　　　　　图3-77　　　　　图3-78

（23）选择"细分曲面"工具■，"对象"面板中会生成一个"细分曲面"对象。将"对称.1"对象组拖到"细分曲面"对象的下方，如图3-79所示。视图窗口中的效果如图3-80所示。选中"细分曲面"对象组，在该对象组上单击鼠标右键，在弹出的菜单中选择"连接对象+删除"命令，将该组中的对象连接，并将其重命名为"贴图"，如图3-81所示。

（24）选择"收缩包裹"工具■，"对象"面板中会生成一个"收缩包裹"对象。将"收缩包裹"对象拖到"贴图"对象的下方，如图3-82所示。将"对象"面板中的"瓶身"对象拖到"属性"面板的"对象"选项卡中的"目标对象"选项中，如图3-83所示。

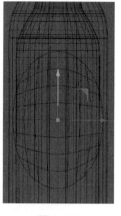

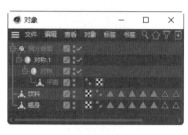

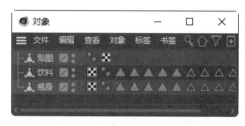

图 3-79　　　　　　　　图 3-80　　　　　　　　图 3-81

（25）选中"贴图"对象组，在该对象组上单击鼠标右键，在弹出的菜单中选择"当前状态转对象"命令。按 Detele 键删除对象组，"对象"面板如图 3-84 所示。

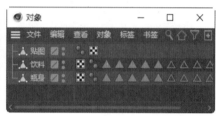

图 3-82　　　　　　　　图 3-83　　　　　　　　图 3-84

（26）按 F1 键切换到透视视图，如图 3-85 所示。单击"多边形"按钮，切换为多边形模式。按 Ctrl+A 组合键全选面，如图 3-86 所示。在视图窗口中单击鼠标右键，在弹出的菜单中选择"挤压"命令。在"属性"面板中设置"偏移"为 1.1cm，如图 3-87 所示，效果如图 3-88 所示。

图 3-85　　　　图 3-86　　　　　　　图 3-87　　　　　　　图 3-88

（27）选择"细分曲面"工具，"对象"面板中会生成一个"细分曲面"对象，将其重命名为"贴图"。将图 3-84 中的"贴图"对象拖到"贴图"对象的下方，如图 3-89 所示。视图窗口中的效果如图 3-90 所示。

（28）选择"圆柱体"工具，"对象"面板中会生成一个"圆柱体"对象，如图 3-91

所示。在"属性"面板的"对象"选项卡中，设置"半径"为10.8cm，"高度"为6cm，"高度分段"为1，"旋转分段"为64，如图3-92所示。

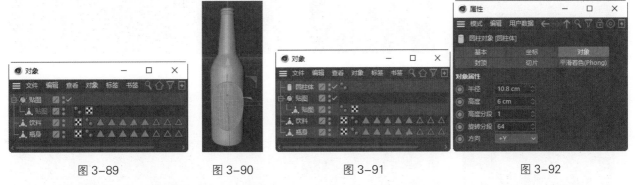

图 3-89   图 3-90   图 3-91   图 3-92

（29）单击"视窗独显"按钮 S，在视图窗口中独显对象，如图3-93所示。用鼠标右键单击"对象"面板中的"圆柱体"对象，在弹出的菜单中选择"转为可编辑对象"命令，将其转为可编辑对象，如图3-94所示。

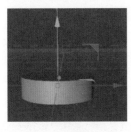

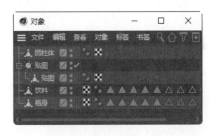

图 3-93   图 3-94

（30）选择"实时选择"工具 ，在视图窗口中选中圆柱体底部的面，如图3-95所示。在视图窗口中单击鼠标右键，在弹出的菜单中选择"内部挤压"命令。在"属性"面板中设置"偏移"为0.3cm，如图3-96所示。

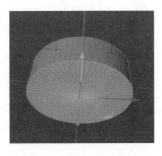

图 3-95   图 3-96

（31）在视图窗口中单击鼠标右键，在弹出的菜单中选择"挤压"命令。在"属性"面板中设置"偏移"为-5cm，如图3-97所示。视图窗口中的效果如图3-98所示。按F4键切换到正视图，如图3-99所示。

（32）在视图窗口中单击鼠标右键，在弹出的菜单中选择"挤压"命令。在"属性"面板中设置"偏移"为-0.6cm，如图3-100所示。视图窗口中的效果如图3-101所示。选择"缩放"工具 ，单击并进行拖曳，缩放选中的边，如图3-102所示。

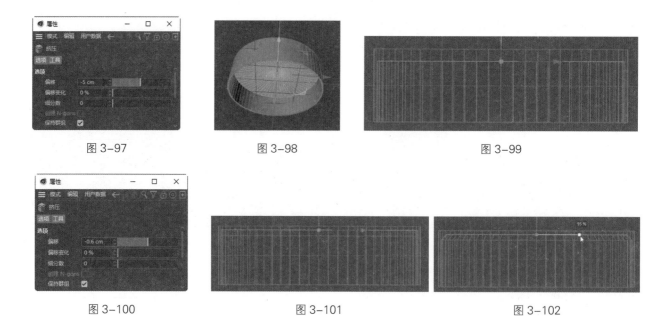

图 3-97   图 3-98   图 3-99

图 3-100   图 3-101   图 3-102

（33）在视图窗口中单击鼠标右键，在弹出的菜单中选择"循环 / 路径切割"命令。在视图窗口中单击以切割需要的面，在"属性"面板中设置"偏移"为 17%，如图 3-103 所示。视图窗口中的效果如图 3-104 所示。

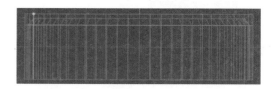

图 3-103   图 3-104

（34）按 F1 键切换到透视视图。选择"实时选择"工具 ，在视图窗口中选中圆柱体顶部的面，如图 3-105 所示。选择"缩放"工具 ，按住鼠标左键进行拖曳，缩放选中的面，效果如图 3-106 所示。

（35）单击"点"按钮 ，切换为点模式。选择"实时选择"工具 ，在圆柱体底部选中需要的点，如图 3-107 所示。选择"缩放"工具 ，按住鼠标左键进行拖曳，制作出图 3-108 所示的效果。

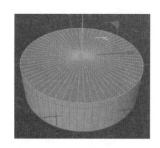

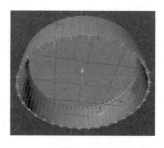
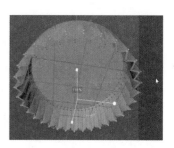

图 3-105   图 3-106   图 3-107   图 3-108

（36）在视图窗口中单击鼠标右键，在弹出的菜单中选择"循环／路径切割"命令。在视图窗口中单击以切割需要的面，在"属性"面板中设置"偏移"为5%，如图3-109所示。视图窗口中的效果如图3-110所示。

图3-109

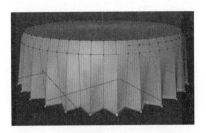

图3-110

（37）单击"模型"按钮，切换为模型模式。选择"实时选择"工具，在"对象"面板中选中"圆柱体"对象。在"坐标"面板的"位置"选项组中，设置"X"为0cm，"Y"为142cm，"Z"为0cm，如图3-111所示。

图3-111

（38）单击"视窗独显"按钮，取消独显效果，视图窗口中的效果如图3-112所示。选择"细分曲面"工具，"对象"面板中会生成一个"细分曲面"对象，将其重命名为"瓶盖"。将"圆柱体"对象拖到"瓶盖"对象的下方，如图3-113所示。视图窗口中的效果如图3-114所示。

（39）使用框选的方法，将"对象"面板中的对象全部选中，按Alt+G组合键将选中的对象编组，并将对象组重命名为"饮品"，如图3-115所示。食品网店广告活动页中的汽水瓶制作完成。

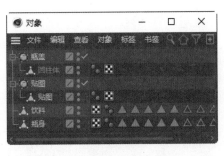

图3-112　　　　图3-113　　　　图3-114　　　　图3-115

任务 3.3　制作室内场景中的沙发

任务3.3微课

3.3.1　任务引入

本任务要求读者通过制作室内场景中的沙发，了解变形器工具的使用方法，掌握变形器建模的方法。

3.3.2　任务知识：变形器建模

1　膨胀

使用"膨胀"变形器 膨胀 可以对绘制的参数化对象进行局部放大或缩小。"属性"面板中会显示膨胀对象的参数设置，其常用的参数位于"对象"以及"衰减"两个选项卡中，如图 3-116 所示。在"对象"面板中，需要把"膨胀"变形器作为修改对象的子对象，这样就可以对参数化对象进行膨胀操作。

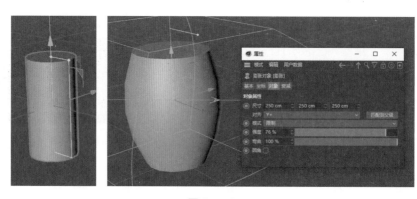

图 3-116

2　FFD

使用"FFD"变形器 FFD 可以在绘制的参数化对象外部形成晶格，在点模式下，通过调整晶格上的控制点，可以调整对象的形状。"属性"面板中会显示晶格的参数设置，其常用的参数位于"对象"选项卡中，如图 3-117 所示。在"对象"面板中，需要把"FFD"变形器作为修改对象的子对象，这样就可以对参数化对象进行变形操作。

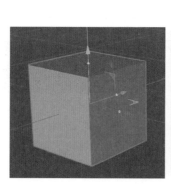
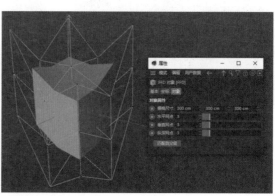

图 3-117

3.3.3　任务实施

（1）启动 Cinema 4D。单击"编辑渲染设置"按钮 ，弹出"渲染设置"对话框，在"输出"选项组中设置"宽度"为1400像素，"高度"为1064像素，单击"关闭"按钮，关闭对话框。选择"文件>合并项目"命令，在弹出的"打开文件"对话框中，选择云盘中的"Ch03>制作室内场景中的沙发>素材>01.c4d"文件，单击"打开"按钮，打开文件。"对象"面板如图3-118所示，视图窗口中的效果如图3-119所示。

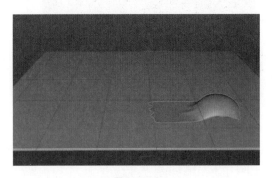

图3-118　　　　　　　　　　　　　　图3-119

（2）选择"立方体"工具，"对象"面板中会生成一个"立方体"对象，将其重命名为"沙发底"，如图3-120所示。在"属性"面板的"对象"选项卡中，设置"尺寸.X"为188cm，"尺寸.Y"为17cm，"尺寸.Z"为80cm，勾选"圆角"复选框，设置"圆角半径"为1cm，如图3-121所示。在"坐标"选项卡中，设置"P.X"为-150cm，"P.Y"为-5cm，"P.Z"为182cm，如图3-122所示。

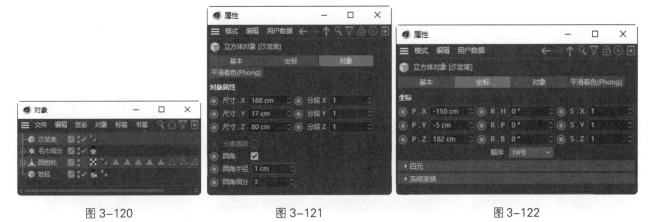

图3-120　　　　　　　　图3-121　　　　　　　　图3-122

（3）按住Shift键的同时选择"FFD"工具，"沙发坐垫"对象的下方会生成一个"FFD"子对象，如图3-123所示。单击"点"按钮，切换为点模式。选择"移动"工具，在视图窗口中选中需要的点，如图3-124所示。

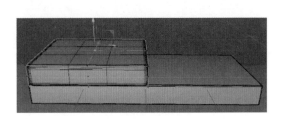

图3-123　　　　　　　　　　　　　　图3-124

（4）在"坐标"面板的"位置"选项组中，设置"X"为0cm，"Y"为32cm，"Z"为0cm，如图3-125所示。视图窗口中的效果如图3-126所示。

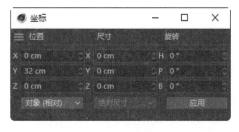
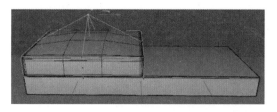

图3-125　　　　　　　　　　　　　　　　图3-126

（5）按住Shift键的同时，在视图窗口中选中需要的点，如图3-127所示。在"坐标"面板的"位置"选项组中，设置"X"为0cm，"Y"为13cm，"Z"为0cm，如图3-128所示。视图窗口中的效果如图3-129所示。

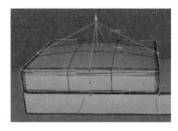
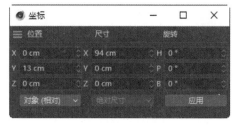
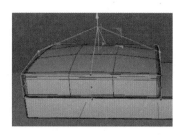

图3-127　　　　　　　　　　图3-128　　　　　　　　　　图3-129

（6）按住Shift键的同时，在视图窗口中选中需要的点，如图3-130所示。在"坐标"面板的"位置"选项组中，设置"X"为0cm，"Y"为6.5cm，"Z"为0cm，如图3-131所示。视图窗口中的效果如图3-132所示。折叠"沙发坐垫"对象组。

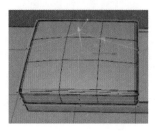
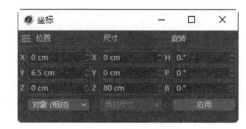
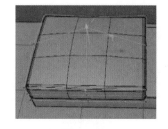

图3-130　　　　　　　　　　图3-131　　　　　　　　　　图3-132

（7）选择"立方体"工具■，"对象"面板中会生成一个"立方体"对象，将其重命名为"沙发扶手"，如图3-133所示。在"属性"面板的"对象"选项卡中，设置"尺寸.X"为16cm，"尺寸.Y"为70cm，"尺寸.Z"为80cm，"分段X"为1，"分段Y"为10，"分段Z"为1，勾选"圆角"复选框，设置"圆角半径"为4cm，"圆角细分"为6，如图3-134所示。在"坐标"选项卡中，设置"P.X"为-252cm，"P.Y"为18cm，"P.Z"为182cm，如图3-135所示。

（8）按住Shift键的同时选择"膨胀"工具■，"沙发扶手"对象的下方会生成一个"膨胀"子对象，如图3-136所示。在"属性"面板的"对象"选项卡中，设置"强度"为6%，如图 3-137 所示。视图窗口中的效果如图 3-138 所示。折叠"沙发扶手"对象组。

图 3-133　　　　　　　　图 3-134　　　　　　　　图 3-135

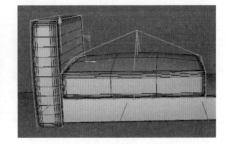

图 3-136　　　　　　　　图 3-137　　　　　　　　图 3-138

（9）选择"立方体"工具，"对象"面板中会生成一个"立方体"对象，将其重命名为"沙发靠背"，如图 3-139 所示。在"属性"面板的"对象"选项卡中，设置"尺寸.X"为 18cm，"尺寸.Y"为 59cm，"尺寸.Z"为 94cm，"分段 X"为 1，"分段 Y"为 10，"分段 Z"为 10，勾选"圆角"复选框，设置"圆角半径"为 4cm，"圆角细分"为 6，如图 3-140所示。在"坐标"选项卡中，设置"P.X"为 -196cm，"P.Y"为 51.5cm，"P.Z"为 213cm，"R.H"为 -90°，"R.P"为 0°，"R.B"为 -15°，如图 3-141 所示。

图 3-139　　　　　　　　图 3-140　　　　　　　　图 3-141

（10）按住 Shift 键的同时选择"FFD"工具，"沙发靠背"对象的下方会生成一个"FFD"子对象，如图 3-142 所示。单击"点"按钮，切换为点模式。选择"移动"工具，在视图窗口中选中需要的点，如图 3-143 所示。在"坐标"面板的"位置"选项组中，设置"X"为 30cm，"Y"为 0cm，"Z"为 0cm，如图 3-144 所示。

图 3-142

图 3-143

图 3-144

（11）在视图窗口中选中需要的点，如图 3-145 所示。在"坐标"面板的"位置"选项组中，设置"X"为 9cm，"Y"为 -28cm，"Z"为 0cm，如图 3-146 所示。视图窗口中的效果如图 3-147 所示。

图 3-145

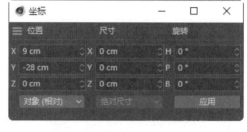
图 3-146

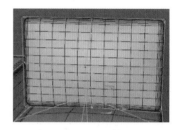
图 3-147

（12）在视图窗口中选中需要的点，如图 3-148 所示。在"坐标"面板的"位置"选项组中，设置"X"为 9cm，"Y"为 0cm，"Z"为 49cm，如图 3-149 所示。视图窗口中的效果如图 3-150 所示。

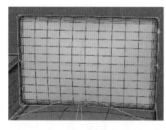
图 3-148

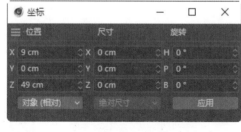
图 3-149

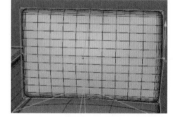
图 3-150

（13）在视图窗口中选中需要的点，如图 3-151 所示。在"坐标"面板的"位置"选项组中，设置"X"为 9cm，"Y"为 0cm，"Z"为 -49cm，如图 3-152 所示。视图窗口中的效果如图 3-153 所示。

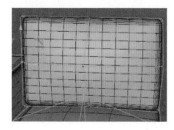
图 3-151

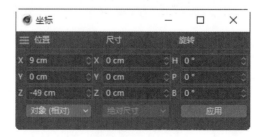
图 3-152

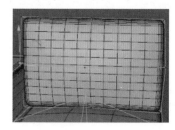
图 3-153

（14）在"对象"面板中，按住 Alt 键分别双击"沙发靠背"对象组中的"FFD"对象、"沙发扶手"对象组中的"膨胀"对象和"沙发坐垫"对象组中的"FFD"对象右侧的■按钮，隐藏这些对象，"对象"面板如图 3-154 所示。依次折叠对象组，框选需要的对象组，如图 3-155 所示。按 Alt+G 组合键对选中的对象组进行编组，并将对象组重命名为"沙发顶"，如图 3-156 所示。

图 3-154 图 3-155 图 3-156

（15）选择"对称"工具 ，"对象"面板中会生成一个"对称"对象。将"沙发顶"对象组拖到"对称"对象的下方，并将"对称"对象组重命名为"沙发对称"，如图 3-157 所示。选中"沙发顶"对象组，在"属性"面板的"坐标"选项卡中，设置"P.X"为 -66cm，"P.Y"为 45cm，"P.Z"为 153cm，如图 3-158 所示。

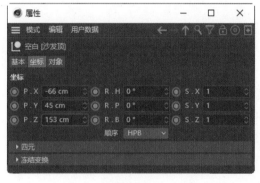

图 3-157 图 3-158

（16）选中"沙发对称"对象组，在"属性"面板的"坐标"选项卡中，设置"P.X"为 -149cm，"P.Y"为 -17cm，"P.Z"为 36cm，如图 3-159 所示。视图窗口中的效果如图 3-160 所示。折叠"沙发对称"对象组。

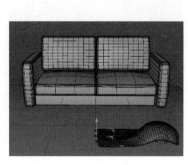

图 3-159 图 3-160

（17）选择"显示 > 光影着色"命令。选择"文件 > 合并项目"命令，在弹出的"打开文件"对话框中，选择云盘中的"Ch03 > 制作室内场景中的沙发 > 素材 > 02.c4d"文件，单击"打开"按钮，将选中的文件导入。"对象"面板如图 3-161 所示。视图窗口中的效果如图 3-162 所示。

（18）在"对象"面板中，按 Ctrl+A 组合键将对象及对象组全部选中。按 Alt+G 组合键将选中的对象及对象组编组，并将对象组重命名为"沙发"，如图 3-163 所示。室内场景中的沙发制作完成。

图 3-161

图 3-162

图 3-163

任务 3.4　制作电子产品海报中的耳机

任务 3.4 微课

3.4.1　任务引入

本任务要求读者通过制作电子产品海报中的耳机，了解多边形建模工具的使用方法，掌握多边形建模的方法。

3.4.2　任务知识：多边形建模

❶ 封闭多边形孔洞

"封闭多边形孔洞"命令通常用于点、边以及多边形模式下。使用该命令可以将参数化对象中的孔洞封闭。在"属性"面板中可以设置封闭对象的参数，如图 3-164 所示。

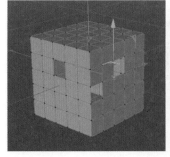

图 3-164

② 线性切割

"线性切割"命令同样通常用于点、边以及多边形模式下。执行该命令后拖曳切割线，可以在参数化对象上分割出新的边。在"属性"面板中可以设置线性切割的相关参数，如图 3-165 所示。

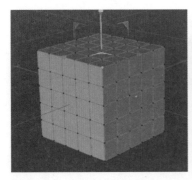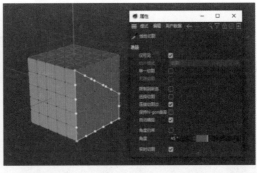

图 3-165

③ 循环/路径切割

"循环/路径切割"命令通常用于对循环封闭的对象表面进行切割。使用该命令可以沿着选中的点或边添加新的循环边。在"属性"面板中可以设置循环切割的相关参数，如图 3-166 所示。

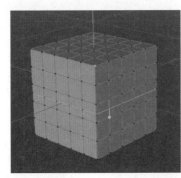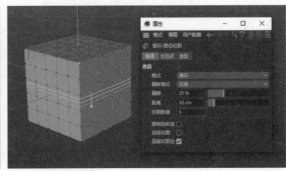

图 3-166

④ 焊接

"焊接"命令通常用于点、边以及多边形模式下。使用该命令可以将参数化对象中的多个点、边和面合并在一个指定的点上，如图 3-167 所示。

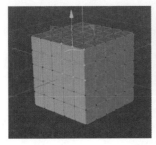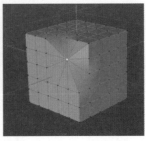

图 3-167

任务实施

（1）启动 Cinema 4D。单击"编辑渲染设置"按钮，弹出"渲染设置"对话框。在"输出"选项组中设置"宽度"为1242像素，"高度"为2208像素，如图 3-168 所示，单击"关闭"按钮，关闭对话框。选择"圆柱体"工具，"对象"面板中会生成一个"圆柱体"对象，如图 3-169 所示。

图 3-168   图 3-169

（2）在"属性"面板的"对象"选项卡中，设置"半径"为50cm，"高度"为10cm，"高度分段"为1，"旋转分段"为12，"方向"为"+X"，如图 3-170 所示；在"封顶"选项卡中取消勾选"封顶"复选框，如图 3-171 所示。视图窗口中的效果如图 3-172 所示。

      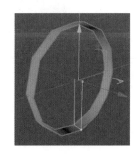

图 3-170   图 3-171   图 3-172

（3）按 C 键，将"圆柱体"对象转为可编辑对象。单击"边"按钮，切换为边模式。在视图窗口中双击需要的边，将其选中，如图 3-173 所示。按住 Ctrl 键的同时进行拖曳，复制选中的边，效果如图 3-174 所示。

（4）在"坐标"面板的"位置"选项组中，设置"X"为18cm，"Y"为0cm，"Z"为0cm；在"尺寸"选项组中，设置"X"为0cm，"Y"为80cm，"Z"为80cm，如图 3-175

所示。视图窗口中的效果如图 3-176 所示。

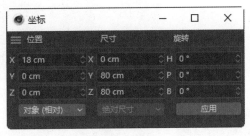
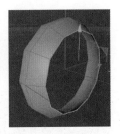

图 3-173　　　　　　图 3-174　　　　　　　　图 3-175　　　　　　　图 3-176

（5）使用相同的方法，按住 Ctrl 键的同时进行拖曳，复制选中的边。在"坐标"面板的"位置"选项组中，设置"X"为 25cm，"Y"为 0cm，"Z"为 0cm；在"尺寸"选项组中，设置"X"为 0cm，"Y"为 40cm，"Z"为 40cm，如图 3-177 所示。视图窗口中的效果如图 3-178 所示。

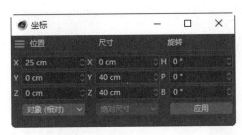
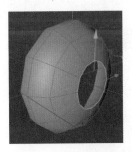

图 3-177　　　　　　　　　　　　　　图 3-178

（6）按住 Ctrl 键的同时进行拖曳，复制选中的边。在"坐标"面板的"位置"选项组中，设置"X"为 30cm，"Y"为 0cm，"Z"为 0cm；在"尺寸"选项组中，设置"X"为 0cm，"Y"为 0m，"Z"为 0cm，如图 3-179 所示。视图窗口中的效果如图 3-180 所示。

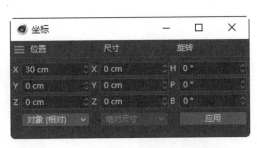
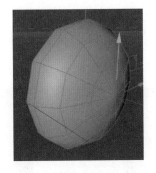

图 3-179　　　　　　　　　　　　　　图 3-180

（7）选择"立方体"工具，"对象"面板中会生成一个"立方体"对象，如图 3-181 所示。在"属性"面板的"对象"选项卡中，设置"尺寸.X"为 75cm，"尺寸.Y"为 160cm，"尺寸.Z"为 40cm，勾选"圆角"复选框，设置"圆角半径"为 20cm，如图 3-182 所示；在"坐标"选项卡中，设置"P.X"为 18cm，"P.Y"为 -80cm，"P.Z"为 0cm，如图 3-183 所示。

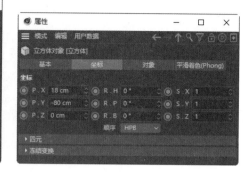

图 3-181　　　　　　　图 3-182　　　　　　　图 3-183

（8）单击"转为可编辑对象"按钮，将"立方体"对象转为可编辑对象。单击"点"按钮，切换为点模式。按 F4 键切换到正视图，如图 3-184 所示。选择"框选"工具，在视图窗口中框选需要的点，如图 3-185 所示，按 Delete 键将选中的点删除。使用相同的方法删除其他不需要的点，效果如图 3-186 所示。

 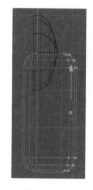 

图 3-184　　　　　　　图 3-185　　　　　　　图 3-186

（9）按 F1 键切换到透视视图，如图 3-187 所示。在视图窗口中单击鼠标右键，在弹出的菜单中选择"封闭多边形孔洞"命令，鼠标指针变为▶形状时，在要封闭的范围内单击，如图 3-188 所示，封闭孔洞，效果如图 3-189 所示。使用相同的方法封闭其他面上的孔洞，效果如图 3-190 所示。

图 3-187　　　　　图 3-188　　　　　图 3-189　　　　　图 3-190

（10）单击"视窗独显"按钮，在视图窗口中独显选中的对象。在视图窗口中单击鼠标右键，在弹出的菜单中选择"线性切割"命令，在视图窗口中切割需要的面，如图 3-191

所示。使用相同的方法进行多次切割，效果如图 3-192 所示。使用相同的方法，为立方体的背面添加同样的切割效果。单击"视窗独显"按钮 S，取消独显效果。视图窗口中的效果如图 3-193 所示。

（11）选择"布尔"工具 📎，"对象"面板中会生成一个"布尔"对象。将"圆柱体"对象和"立方体"对象拖到"布尔"对象的下方，如图 3-194 所示。视图窗口中的效果如图 3-195 所示。

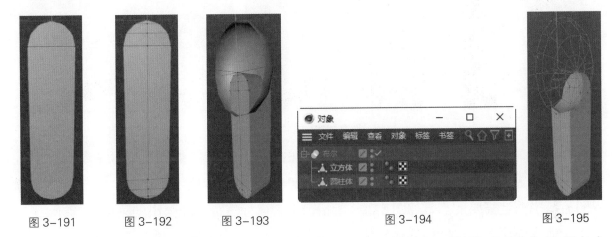

图 3-191　　　　图 3-192　　　　图 3-193　　　　　　图 3-194　　　　　　图 3-195

（12）在"对象"面板中选中"布尔"对象组。在"属性"面板的"对象"选项卡中，设置"布尔类型"为"A 加 B"，勾选"创建单个对象"复选框，如图 3-196 所示。视图窗口中的效果如图 3-197 所示。

图 3-196　　　　　　　　　　　　图 3-197

（13）单击"转为可编辑对象"按钮 📎，将"布尔"对象组转为可编辑对象。在"对象"面板中展开"布尔"对象组，如图 3-198 所示。选中"立方体＋圆柱体"对象，将其拖曳到"布尔"对象的上方，并将其重命名为"耳机"。选中"布尔"对象，按 Delete 键将其删除，如图 3-199 所示。

图 3-198　　　　　　　　　　　　图 3-199

（14）单击"点"按钮 ，切换为点模式。在视图窗口中单击鼠标右键，在弹出的菜单中选择"线性切割"命令，在视图窗口中切割需要的面，如图3-200所示，按Esc键确定操作。

（15）选择"框选"工具 ，按住Shift键的同时，在视图窗口中框选需要的点，如图3-201所示，单击鼠标右键，在弹出的菜单中选择"焊接"命令，在适当的位置单击即可，焊接两个点，效果如图3-202所示。

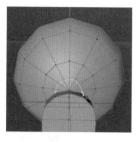
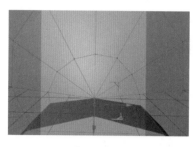
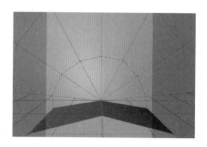

图3-200　　　　　　　图3-201　　　　　　　图3-202

（16）在视图窗口中单击鼠标右键，在弹出的菜单中选择"线性切割"命令，在视图窗口中分别切割需要的面，效果如图3-203、图3-204和图3-205所示。选择"框选"工具 ，在视图窗口中框选需要的点，如图3-206所示，单击鼠标右键，在弹出的菜单中选择"焊接"命令，在适当的位置单击即可焊接对象。

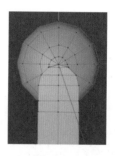

图3-203　　　　　图3-204　　　　　图3-205　　　　　图3-206

（17）在视图窗口中单击鼠标右键，在弹出的菜单中选择"线性切割"命令。在"属性"面板的"对象"选项卡中取消勾选"仅可见"复选框，如图3-207所示。在视图窗口中拖曳进行切割，如图3-208所示，按Esc键确定操作。视图窗口中的效果如图3-209所示。

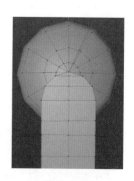

图3-207　　　　　　　图3-208　　　　　　　图3-209

（18）选择"移动"工具 ➕。单击"边"按钮 🔷，切换为边模式。在视图窗口中双击需要的边，将其选中，如图3-210所示。按住Ctrl键的同时进行拖曳，复制选中的边，如图3-211所示。

（19）在"坐标"面板的"位置"选项组中，设置"X"为-74cm，"Y"为75cm，"Z"为0cm；在"尺寸"选项组中，设置"X"为0cm，"Y"为47cm，"Z"为47cm，如图3-212所示。视图窗口中的效果如图3-213所示。

 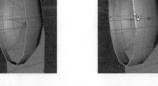  

图3-210　　　　　图3-211　　　　　　　　图3-212　　　　　　　　图3-213

（20）选择"缩放"工具 🔲，按住Ctrl键的同时进行拖曳，复制并缩放选中的边。在"坐标"面板的"尺寸"选项组中，设置"X"为0cm，"Y"为36cm，"Z"为36cm，如图3-214所示。视图窗口中的效果如图3-215所示。

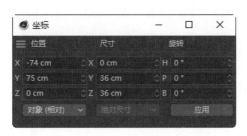 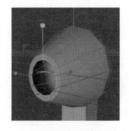

图3-214　　　　　　　　　　　　　　图3-215

（21）选择"移动"工具 ➕，按住Ctrl键的同时进行拖曳，复制选中的边。在"坐标"面板的"位置"选项组中，设置"X"为-95cm，"Y"为75cm，"Z"为0cm，如图3-216所示。视图窗口中的效果如图3-217所示。

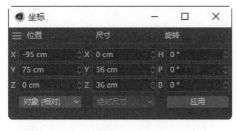 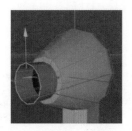

图3-216　　　　　　　　　　　　　　图3-217

（22）在视图窗口中单击鼠标右键，在弹出的菜单中选择"循环切割"命令，在视图窗口中单击即可切割需要的面。在"属性"面板中设置"偏移"为9.821%，如图3-218所示。视图窗口中的效果如图3-219所示。

图 3-218

图 3-219

（23）再次在视图窗口中单击，切割需要的面。在"属性"面板中设置"偏移"为50%，如图 3-220 所示。视图窗口中的效果如图 3-221 所示。

图 3-220

图 3-221

（24）使用相同的方法，在视图窗口中单击，切割需要的面。在"属性"面板中设置"偏移"为 97.85%，如图 3-222 所示。视图窗口中的效果如图 3-223 所示。

图 3-222

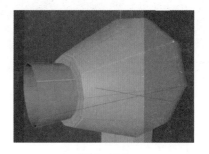

图 3-223

（25）再次在视图窗口中单击，切割需要的面。在"属性"面板中设置"偏移"为92.755%，如图 3-224 所示。视图窗口中的效果如图 3-225 所示。

图 3-224

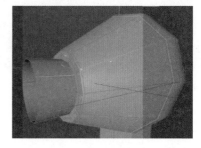

图 3-225

（26）单击"模型"按钮，切换为模型模式。选择"细分曲面"工具，"对象"

面板中会生成一个"细分曲面"对象。将"耳机"对象拖到"细分曲面"对象的下方，如图 3-226 所示。视图窗口中的效果如图 3-227 所示。

（27）单击"点"按钮，切换为点模式。选择"移动"工具➕，在"对象"面板中选中"耳机"对象。按 Ctrl+A 组合键，将"耳机"对象中的点全部选取，如图 3-228 所示。在视图窗口中单击鼠标右键，在弹出的菜单中选择"优化"命令，优化对象。

| 图 3-226 | 图 3-227 | 图 3-228 |

（28）选择"圆环"工具⭕，"对象"面板中会生成一个"圆环"对象，如图 3-229 所示。在"属性"面板的"对象"选项卡中，设置"半径"为 16cm，如图 3-230 所示；在"坐标"选项卡中，设置"P.X"为 -51cm，"P.Y"为 -5cm，"P.Z"为 0cm，"R.H"为 -90°，如图 3-231 所示。

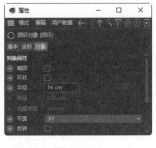

| 图 3-229 | 图 3-230 | 图 3-231 |

（29）在"对象"面板中，按住 Ctrl 键的同时向上拖曳"圆环"对象，松开鼠标左键即可复制对象，并自动生成一个"圆环 .1"对象，如图 3-232 所示。在"属性"面板的"对象"选项卡中，设置"半径"为 20cm，如图 3-233 所示；在"坐标"选项卡中，设置"P.X"为 -63cm，如图 3-234 所示。

| 图 3-232 | 图 3-233 | 图 3-234 |

（30）在"对象"面板中，按住 Ctrl 键的同时向上拖曳"圆环 .1"对象，松开鼠标左键即可复制对象，并自动生成一个"圆环 .2"对象。在"属性"面板的"对象"选项卡中，设置"半径"为 22cm，如图 3-235 所示；在"坐标"选项卡中，设置"P.X"为 -73cm，如图 3-236 所示。

图 3-235

图 3-236

（31）在"对象"面板中，按住 Ctrl 键的同时向上拖曳"圆环 .2"对象，松开鼠标左键即可复制对象，并自动生成一个"圆环 .3"对象。在"属性"面板的"对象"选项卡中，设置"半径"为 20cm，如图 3-237 所示；在"坐标"选项卡中，设置"P.X"为 -80cm，如图 3-238 所示。

图 3-237

图 3-238

（32）在"对象"面板中，按住 Ctrl 键的同时向上拖曳"圆环 .3"对象，松开鼠标左键即可复制对象，并自动生成一个"圆环 .4"对象。在"属性"面板的"对象"选项卡中，设置"半径"为 16cm，如图 3-239 所示；在"坐标"选项卡中，设置"P.X"为 -88cm，如图 3-240 所示。

图 3-239

图 3-240

（33）在"对象"面板中，按住 Ctrl 键的同时向上拖曳"圆环 .4"对象，松开鼠标左键即可复制对象，并自动生成一个"圆环 .5"对象。在"属性"面板的"对象"选项卡中，设置"半径"为 8cm，如图 3-241 所示；在"坐标"选项卡中，设置"P.X"为 -96cm，如图 3-242 所示。

图 3-241

图 3-242

（34）在"对象"面板中，按住 Ctrl 键的同时向上拖曳"圆环 .5"对象，松开鼠标左键即可复制对象，并自动生成一个"圆环 .6"对象。在"属性"面板的"对象"选项卡中，设置"半径"为 21cm，如图 3-243 所示；在"坐标"选项卡中，设置"P.X"为 -90cm，如图 3-244 所示。

图 3-243

图 3-244

（35）在"对象"面板中，按住 Ctrl 键的同时向上拖曳"圆环 .6"对象，松开鼠标左键即可复制对象，并自动生成一个"圆环 .7"对象。在"属性"面板的"对象"选项卡中，设置"半径"为 26cm，如图 3-245 所示；在"坐标"选项卡中，设置"P.X"为 -80cm，如图 3-246 所示。

图 3-245

图 3-246

（36）在"对象"面板中，按住 Ctrl 键的同时向上拖曳"圆环 .7"对象，松开鼠标左键即可复制对象，并自动生成一个"圆环 .8"对象。在"属性"面板的"对象"选项卡中，设置"半径"为24cm，如图3-247所示；在"坐标"选项卡中，设置"P.X"为-62cm，如图3-248所示。

图 3-247

图 3-248

（37）在"对象"面板中，按住 Ctrl 键的同时向上拖曳"圆环.8"对象，松开鼠标左键即可复制对象，并自动生成一个"圆环.9"对象。在"属性"面板的"对象"选项卡中，设置"半径"为19cm，如图3-249所示；"坐标"选项卡中，设置"P.X"为-53cm，如图3-250所示。

图 3-249

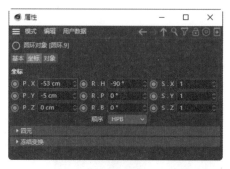

图 3-250

（38）视图窗口中的效果如图3-251所示。选择"放样"工具，"对象"面板中会生成一个"放样"对象。按住 Shift 键的同时选中所有圆环对象，将其拖到"放样"对象的下方，如图3-252所示。视图窗口中的效果如图3-253所示。折叠并选中"放样"对象组，在"属性"面板的"封盖"选项卡中，取消勾选"起点封盖"和"终点封盖"复选框，如图3-254所示。

图 3-251

图 3-252

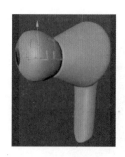

图 3-253

图 3-254

（39）选择"空白"工具，"对象"面板中会生成一个"空白"对象，将其重命名为"右耳机"。框选需要的对象，如图3-255所示。将选中的对象拖到"右耳机"对象的下方，如图3-256所示。折叠并选中"右耳机"对象组，如图3-257所示。

图 3-255　　　　　　　　　　图 3-256　　　　　　　　　　图 3-257

（40）在"属性"面板的"坐标"选项卡中，设置"P.X"为 84cm，"P.Y"为 1674cm，"P.Z"为 -1068cm，"R.H"为 -37°，"R.P"为 0°，"R.B"为 -50°，如图 3-258 所示。视图窗口中的效果如图 3-259 所示。

（41）在"对象"面板中，按住 Ctrl 键的同时向上拖曳"右耳机"对象组，松开鼠标左键即可复制对象组，并自动生成一个"右耳机 .1"对象组，将其重命名为"左耳机"，如图 3-260 所示。

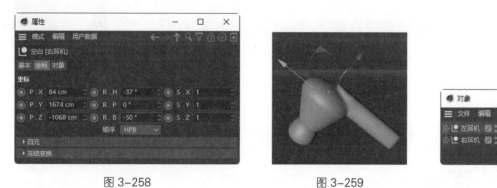

图 3-258　　　　　　　　　　图 3-259　　　　　　　　　　图 3-260

（42）在"属性"面板的"坐标"选项卡中，设置"P.X"为 -107cm，"P.Y"为 1722cm，"P.Z"为 -1171cm，"R.H"为 -28°，"R.P"为 -190°，"R.B"为 -162°，如图 3-261 所示。视图窗口中的效果如图 3-262 所示。

（43）选择"空白"工具 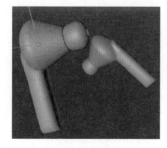，"对象"面板中会生成一个"空白"对象，将其重命名为"耳机"。框选需要的"左耳机"和"右耳机"对象组，将其拖到"耳机"对象的下方，并折叠"耳机"对象组，如图 3-263 所示。电子产品海报中的耳机制作完成。

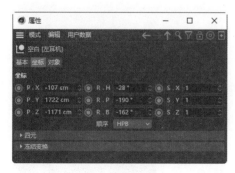

图 3-261　　　　　　　　　　图 3-262　　　　　　　　　　图 3-263

任务 3.5　项目演练——制作家居宣传海报中的卡通小熊

任务 3.5 微课

3.5.1　任务引入

本任务要求读者通过制作家居宣传海报中的卡通小熊，了解体积建模工具的使用方法，掌握体积建模的方法。

3.5.2　任务实施

使用"细分曲面"工具对小熊身体进行细分，使用"体积生成"工具和"体积网格"工具使小熊身体更加平滑。最终效果参看云盘中的"Ch03/制作家居宣传海报中的卡通小熊/工程文件.c4d"，如图 3-264 所示。

图 3-264

任务 3.6　项目演练——制作美妆电商主图中的面霜

任务 3.6 微课

3.6.1　任务引入

本任务要求读者通过制作美妆电商主图中的面霜，了解雕刻建模工具的使用方法，掌握雕刻建模的方法。

3.6.2　任务实施

使用"圆柱体"工具制作瓶身，使用"平面"工具、"包裹"工具和"克隆"工具制作瓶沿，使用"多边形画笔"命令、"布料曲面"工具和"细分曲面"工具调整褶皱，使用"地形"工具、"扭曲"工具、"锥化"工具、"倒角"命令、"抓取"命令和"平滑"命令制作面霜。最终效果参看云盘中的"Ch03/制作美妆电商主图中的面霜/工程文件.c4d"，如图 3-265 所示。

图 3-265

项目4

照亮不同的模型——Cinema 4D 灯光设置

04

Cinema 4D中的灯光用于为已经创建好的三维模型添加合适的照明效果，设置合适的灯光可以让模型产生阴影、投影以及光度等效果，使其显示效果更加真实、生动。本项目将对Cinema 4D的两点布光以及三点布光等灯光技术进行系统讲解。通过本项目的学习，读者可以对Cinema 4D的灯光技术有一个全面的认识，并可以快速掌握常用光影效果的制作技术与技巧。

 学习引导

🖥 知识目标
- 熟悉常用的灯光类型
- 掌握常用的灯光参数

📋 能力目标
- 掌握两点布光的方法
- 掌握三点布光的方法

📊 实训项目
- 使用两点布光照亮电子产品海报中的耳机
- 使用三点布光照亮室内场景

📝 素养目标
- 培养良好的布光习惯
- 培养光影审美能力

相关知识：Cinema 4D 灯光的基础知识

在 Cinema 4D 中可以直接创建系统预置的多种类型的灯光，然后通过"属性"面板调整灯光的属性参数。

图 4-1

1 灯光类型

长按工具栏中的"灯光"按钮 ，弹出灯光列表，如图 4-1 所示。在列表中单击需要创建的灯光，即可在视图窗口中创建对应的灯光对象。

（1）"灯光" 是一个点光源，是常用的灯光类型之一。其光线可以从单一的点向多个方向发射，光照效果类似于生活中的灯泡，如图 4-2 所示。

（2）"聚光灯" 可以向一个方向发射出锥形的光线，照射区域外的对象不受灯光影响，光照效果类似于生活中的探照灯，如图 4-3 所示。

图 4-2

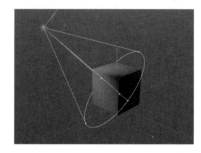

图 4-3

（3）"目标聚光灯" 同样可以向一个方向发射出锥形的光线，照射区域外的对象不受灯光影响。目标聚光灯有一个目标点，用于调整光线照射的方向，十分方便快捷，如图 4-4 所示。

（4）"区域光" 是一个面光源，其光线可以从一个区域向多个方向发射，形成一个有规则的照射平面。区域光的光线柔和，光照效果类似于生活中的反光板折射出的光。在 Cinema 4D 中，默认创建的区域光显示为一个矩形，如图 4-5 所示。

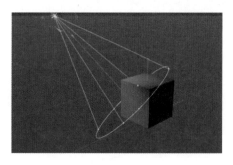

图 4-4

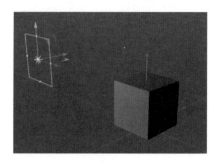

图 4-5

（5）IES 灯光：在 Cinema 4D 中，用户还可以使用系统预置的多种 IES 灯光文件，从而得到不同的光照效果。选择"窗口 > 资产浏览器"命令，在弹出的对话框中下载并选中需要的IES灯光文件，如图4-6所示；将其拖曳到视图窗口中，效果如图4-7所示。

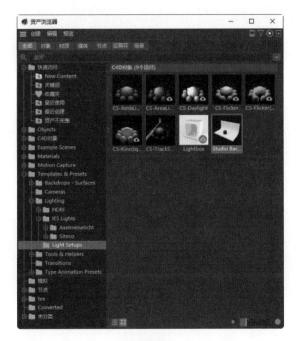

图4-6

图4-7

（6）"无限光" 是一种具有方向性的灯光。其光线可以按照特定的方向平行传播，且没有距离的限制，光照效果类似于生活中的太阳，如图4-8所示。

（7）"日光" 同样是一种具有方向性的灯光，常用于模拟太阳光，如图4-9所示。

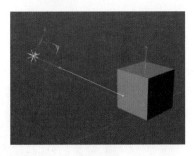

图4-8

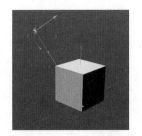

图4-9

❷ 灯光参数

在场景中创建灯光后，"属性"面板中会显示该灯光对象的参数设置，其常用的参数位于"常规""细节""可见""投影""光度""焦散""噪波""镜头光晕""工程"9个选项卡中。

（1）常规：在场景中创建灯光后，在"属性"面板中选择"常规"选项卡，如图4-10所示。该选项卡主要用于设置灯光对象的基本参数，包括颜色、类型和投影等。

（2）细节：在场景中创建灯光后，在"属性"面板中选择"细节"选项卡，如图4-11所示。根据创建的灯光类型的不同，该选项卡中的参数也会发生变化。除区域光外，其他几类灯光的"细节"选项卡所包含的参数比较相似，但部分被激活的参数有些不同，读者可以自行对比。该选项卡主要用于设置灯光对象的对比和投影轮廓等参数。

图 4-10

图 4-11

（3）细节（区域光）：在场景中创建区域光后，在"属性"面板中选择"细节"选项卡，如图 4-12 所示。该选项卡主要用于设置灯光对象的形状和采样等参数。

（4）可见：在场景中创建灯光后，在"属性"面板中选择"可见"选项卡，如图 4-13 所示。该选项卡主要用于设置灯光对象的衰减和颜色等参数。

图 4-12

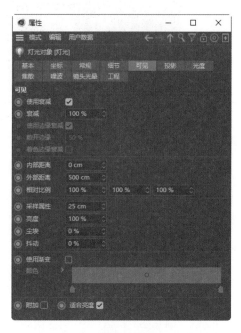

图 4-13

（5）投影：在场景中创建灯光后，在"属性"面板中选择"投影"选项卡。每种灯光都有4种投影方式，依次为"无""阴影贴图（软阴影）""光线跟踪（强烈）""区域"，对应的"属性"面板如图4-14所示。该选项卡主要用于设置灯光对象的投影参数。

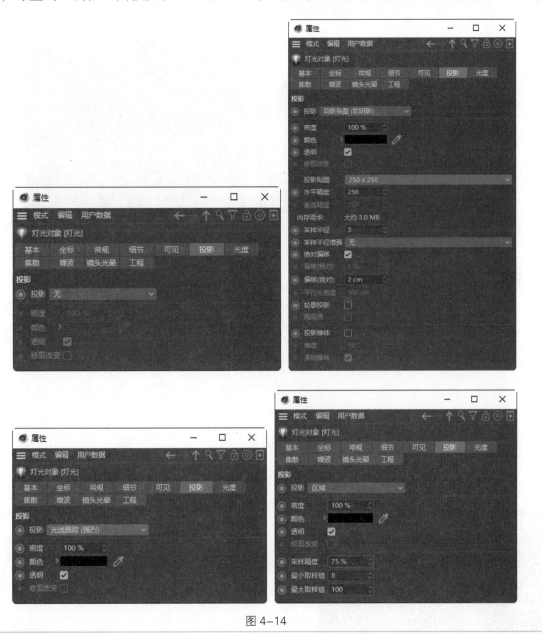

图4-14

任务 4.1 使用两点布光照亮电子产品海报中的耳机

4.1.1 任务引入

本任务要求读者通过两点布光照亮电子产品海报中的耳机，熟悉两点布光的基本原则。

4.1.2　任务知识：两点布光

在 Cinema 4D 中为场景布光的方法有很多，其中常用的两点布光是使用主光源和辅光源进行布光，如图 4-15 所示，可以使对象呈现出更加立体的效果。

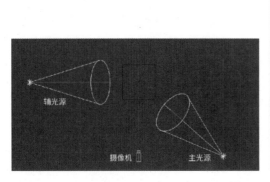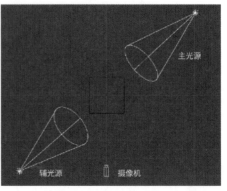

图 4-15

4.1.3　任务实施

（1）启动 Cinema 4D。单击"编辑渲染设置"按钮，弹出"渲染设置"对话框。在"输出"选项组中设置"宽度"为 1242 像素，"高度"为 2208 像素，如图 4-16 所示，单击"关闭"按钮，关闭对话框。

（2）选择"文件 > 合并项目"命令，在弹出的"打开文件"对话框中，选择云盘中的"Ch04 > 使用两点布光照亮电子产品海报中的耳机 > 素材 > 01.c4d"文件，单击"打开"按钮，打开文件。在"对象"面板中，单击"摄像机"对象右侧的 按钮，如图 4-17 所示，进入摄像机视图。视图窗口中的效果如图 4-18 所示。

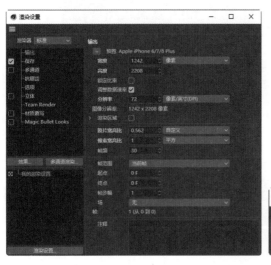

图 4-16

任务 4.1 微课

图 4-17　　　　　　　　图 4-18

（3）选择"聚光灯"工具 ，"对象"面板中会生成一个"灯光"对象，将其重命名为"主光源"，如图4-19所示。在"属性"面板的"坐标"选项卡中，设置"P.X"为-13cm，"P.Y"为2150cm，"P.Z"为-1650cm，"R.H"为-2°，"R.P"为-53°，"R.B"为0°，如图4-20所示；在"常规"选项卡中设置"强度"为140%，如图4-21所示。

图4-19

图4-20

图4-21

（4）在"细节"选项卡中设置"外部角度"为60°，如图4-22所示；在"投影"选项卡中设置"投影"为"区域"，如图4-23所示。视图窗口中的效果如图4-24所示。

图4-22

图4-23

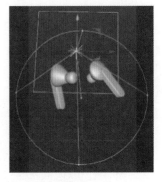

图4-24

（5）选择"区域光"工具 ，"对象"面板中会生成一个"灯光"对象，将其重命名为"辅光源"，如图4-25所示。在"属性"面板的"坐标"选项卡中，设置"P.X"为123cm，"P.Y"为1474cm，"P.Z"为-1317cm，"R.H"为19°，"R.P"为-40°，"R.B"为12°，如图4-26所示；在"常规"选项卡中设置"强度"为80%，如图4-27所示。

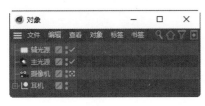

图4-25

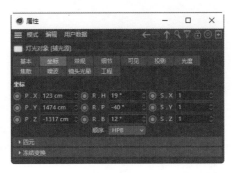

图4-26

图4-27

（6）在"细节"选项卡中，设置"外部半径"为193cm，"垂直尺寸"为200cm，如图4-28所示；在"投影"选项卡中，设置"投影"为"区域"，如图4-29所示。视图窗口中的效果如图4-30所示。

图4-28　　　　　　　　　　图4-29　　　　　　　　　　图4-30

（7）选择"空白"工具，"对象"面板中会生成一个"空白"对象，将其重命名为"灯光"，如图4-31所示。按住Shift键的同时选中需要的"主光源"对象和"辅光源"对象，将其拖到"灯光"对象的下方，折叠"灯光"对象组，如图4-32所示。使用两点布光照亮电子产品海报中的耳机操作完成。

图4-31　　　　　　　　　　　　　　图4-32

任务 4.2　使用三点布光照亮室内场景

任务4.2微课

4.2.1　任务引入

本任务要求读者通过三点布光照亮室内场景，熟悉三点布光的基本原则。

4.2.2　任务知识：三点布光

三点布光又被称为区域照明，用于模拟现实中真实的光照效果，需要用多盏灯来照亮暗部。通常是用在主体物一侧的主光源照亮场景，用在对侧较弱的辅光源照亮暗部，再用更弱的背光源照亮主体物的轮廓，如图4-33所示。这种布光方法适用于小范围的场景照明，如果场景很大，需要将其拆分为多个较小的区域进行布光。

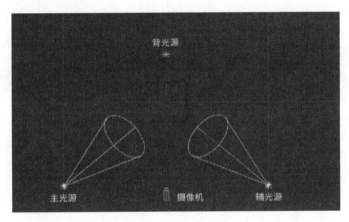

图 4-33

4.2.3 任务实施

（1）启动 Cinema 4D。单击"编辑渲染设置"按钮，弹出"渲染设置"对话框。在"输出"选项组中设置"宽度"为 1400 像素，"高度"为 1060 像素，如图 4-34 所示，单击"关闭"按钮，关闭对话框。

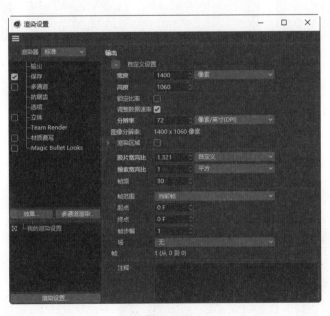

图 4-34

（2）选择"文件 > 合并项目"命令，在弹出的"打开文件"对话框中，选择云盘中的"Ch04 > 使用三点布光照亮室内场景 > 素材 > 01.c4d"文件，单击"打开"按钮，打开文件。在"对象"面板中，单击"摄像机"对象右侧的 按钮，如图 4-35 所示，进入摄像机视图。视图窗口中的效果如图 4-36 所示。

图 4-35

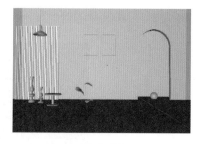

图 4-36

（3）选择"区域光"工具▣，"对象"面板中会生成一个"灯光"对象，将其重命名为"主光源"，如图 4-37 所示。在"属性"面板的"坐标"选项卡中，设置"P.X"为 -871cm，"P.Y"为 575cm，"P.Z"为 -626cm，"R.H"为 -56°，"R.P"为 -29°，"R.B"为 -3°，如图 4-38 所示；在"常规"选项卡中设置"强度"为 125%，如图 4-39 所示。

图 4-37

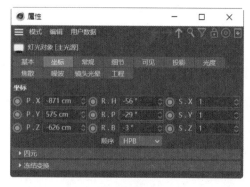

图 4-38

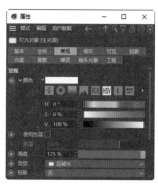

图 4-39

（4）在"细节"选项卡中，设置"外部半径"为 262cm，"水平尺寸"为 524cm，"垂直尺寸"为 459cm，如图 4-40 所示；在"投影"选项卡中，设置"投影"为"区域"，"密度"为 80%，如图 4-41 所示。视图窗口中的效果如图 4-42 所示。

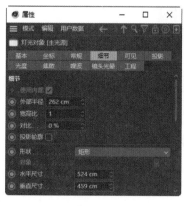

图 4-40

图 4-41

图 4-42

（5）选择"区域光"工具▣，"对象"面板中会生成一个"灯光"对象，将其重命名为"辅光源"，如图 4-43 所示。在"属性"面板的"坐标"选项卡中，设置"P.X"为 -260cm，"P.Y"为 227cm，"P.Z"为 -14cm，"R.H"为 -29°，"R.P"为 -42°，"R.B"为 -13°，如图 4-44 所示；在"常规"选项卡中设置"强度"为 90%，如图 4-45 所示。

（6）在"细节"选项卡中，设置"外部半径"为68cm，"水平尺寸"为136cm，"垂直尺寸"为128cm，如图4-46所示。视图窗口中的效果如图4-47所示。

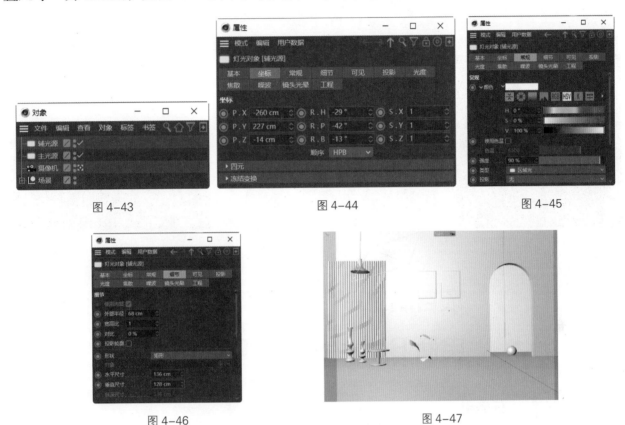

图 4-43　　　　　　　　图 4-44　　　　　　　　图 4-45

图 4-46　　　　　　　　　　　　　图 4-47

（7）选择"区域光"工具▢，"对象"面板中会生成一个"灯光"对象，将其重命名为"背光源"，如图4-48所示。在"属性"面板的"坐标"选项卡中，设置"P.X"为582cm，"P.Y"为285cm，"P.Z"为490cm，"R.H"为-58°，"R.P"为-29°，"R.B"为-5°，如图4-49所示；在"常规"选项卡中设置"强度"为70%，如图4-50所示。

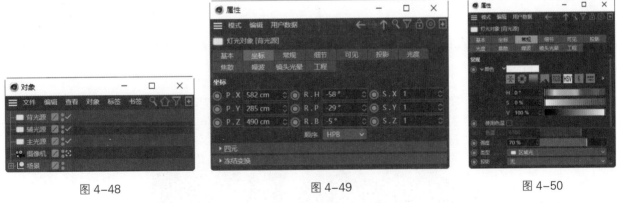

图 4-48　　　　　　　　图 4-49　　　　　　　　图 4-50

（8）在"细节"选项卡中，设置"外部半径"为158cm，"水平尺寸"为316cm，"垂直尺寸"为533cm，如图4-51所示。视图窗口中的效果如图4-52所示。

（9）选择"空白"工具▢，"对象"面板中会生成一个"空白"对象，将其重命名为"灯光"。按住 Shift 键的同时，选中需要的"主光源""辅光源""背光源"对象，将其拖到"灯光"对象的下方，如图 4-53 所示。折叠"灯光"对象组。使用三点布光照亮室内场景操作完成。

图 4-51

图 4-52

图 4-53

任务 4.3　项目演练——使用两点布光照亮家电电商 Banner 中的吹风机

4.3.1　任务引入

本任务要求读者通过两点布光照亮家电电商 Banner 中的吹风机，熟悉掌握两点布光的方法。

4.3.2　任务实施

使用"合并项目"命令导入素材文件，使用"区域光"工具添加灯光，使用"属性"面板设置灯光参数。最终效果参看云盘中的"Ch04/ 使用两点布光照亮家电电商 Banner 中的吹风机 / 工程文件 .c4d"，如图 4-54 所示。

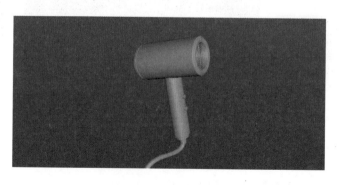

任务 4.3 微课

图 4-54

05

项目5

添加丰富的材质——Cinema 4D 材质赋予

Cinema 4D中的材质用于为已经创建好的三维模型添加合适的外观表现形式，如金属、塑料、玻璃以及布料等。赋予材质会对模型的外观产生较大的影响，可使渲染出的模型更具美感。本项目将对Cinema 4D中的金属材质、绒布材质、玻璃材质等的制作方法进行系统讲解。通过本项目的学习，读者可以对Cinema 4D的材质技术有一个全面的认识，并可以快速掌握常用材质的制作技术与技巧。

学习引导

知识目标

- 了解"材质编辑器"对话框的"颜色"与"反射"面板
- 了解"材质编辑器"对话框的"凹凸"与"法线"面板
- 了解"材质编辑器"对话框的"发光"与"透明"面板

能力目标

- 掌握材质的创建方法
- 掌握材质的赋予方法
- 掌握金属材质的制作方法
- 掌握绒布材质的制作方法
- 掌握玻璃材质的制作方法

实训项目

- 制作金属材质
- 制作绒布材质
- 制作玻璃材质

素养目标

- 培养良好的材质制作习惯
- 培养一定的材质鉴赏能力

相关知识：材质的创建与赋予

　　"材质"面板位于 Cinema 4D 界面的底部左侧，双击其中的材质球，可以打开"材质编辑器"对话框对材质进行创建、分类、命名以及预览等操作。

1 材质的创建

　　在"材质"面板中，双击或按 Ctrl+N 组合键即可创建一个新材质，默认创建的材质是 Cinema 4D 中的常用材质，如图 5-1 所示。

图 5-1

2 材质的赋予

　　如果要将创建好的材质赋予参数化对象，有以下 3 种常用的方法。

　　（1）将材质直接拖曳到视图窗口中的参数化对象上，即可为其赋予材质，如图 5-2 所示。

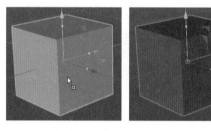

图 5-2

　　（2）拖曳材质到"对象"面板中的对象上，即可为其赋予材质，如图 5-3 所示。

　　（3）在视图窗口中选中需要赋予材质的参数化对象。在"材质"面板的材质图标上单击鼠标右键，在弹出的菜单中选择"应用"命令，如图 5-4 所示，即可为对象赋予材质。

图 5-3　　　　　　　　　　　　　　　　　　　图 5-4

任务 5.1　制作金属材质

任务 5.1 微课

5.1.1　任务引入

本任务要求读者通过制作电子产品海报耳机的金属材质，掌握金属材质的创建与赋予方法。

5.1.2　任务知识："材质编辑器"对话框中的"颜色"与"反射"面板

① 颜色

在场景中创建材质后，在"材质编辑器"对话框中选择"颜色"选项，会打开对应的面板，如图 5-5 所示。该面板主要用于设置材质的固有色，还可以用于为材质添加贴图纹理。

② 反射

在场景中创建材质后，在"材质编辑器"对话框中选择"反射"选项，会打开对应的面板，如图 5-6 所示。该面板主要用于设置材质的反射强度以及反射效果。Cinema 4D 2023 版本的"反射"面板中增加了很多功能和参数设置，并提升了渲染速度，能够更好地表现反射的细节。

图 5-5

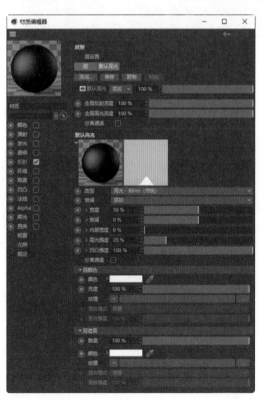

图 5-6

5.1.3　任务实施

（1）启动 Cinema 4D。单击"编辑渲染设置"按钮，弹出"渲染设置"对话框。在"输出"选项组中设置"宽度"为 1242 像素，"高度"为 2208 像素，如图 5-7 所示，单击"关闭"按钮，关闭对话框。

（2）选择"文件 > 合并项目"命令，在弹出的"打开文件"对话框中，选择云盘中的"Ch05 > 制作金属材质 > 素材 > 01.c4d"文件，单击"打开"按钮，打开文件。在"对象"面板中，单击"摄像机"对象右侧的 按钮，如图 5-8 所示，进入摄像机视图。视图窗口中的效果如图 5-9 所示。

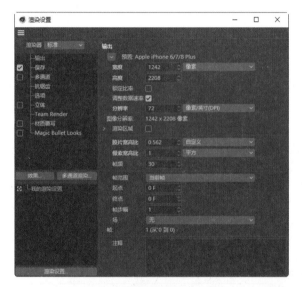
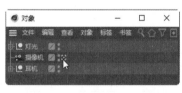
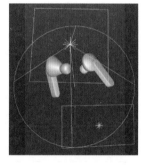

图 5-7　　　　　　　　　　图 5-8　　　　　　　　图 5-9

（3）在"材质"面板中双击，添加一个材质球，并将其重命名为"耳机"，如图 5-10 所示。将"材质"面板中的"耳机"材质拖曳到"对象"面板中的"耳机"对象组上，如图 5-11 所示。

图 5-10　　　　　　　　　　　　　　图 5-11

（4）在添加的"耳机"材质球上双击，弹出"材质编辑器"对话框。在左侧列表中选择"颜色"选项，切换到相应的面板，设置"H"为 224°，"S"为 100%，"V"为 10%，其他选项的设置如图 5-12 所示。在左侧列表中选择"反射"选项，切换到相应的面板，设置"宽度"为 50%，"衰减"为 0%，"内部宽度"为 0%，"高光强度"为 100%，如图 5-13 所示。

图 5-12

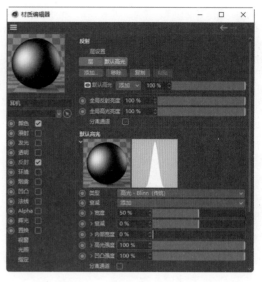

图 5-13

（5）单击"层设置"下方的"添加"按钮，在弹出的下拉菜单中选择"Beckmann"命令，如图 5-14 所示，添加一个层。设置"粗糙度"为 19%，"反射强度"为 100%，"高光强度"为 100%，设置"颜色"选项组中的"H"为 232°，"S"为 47%，"V"为 88%，其他选项的设置如图 5-15 所示。

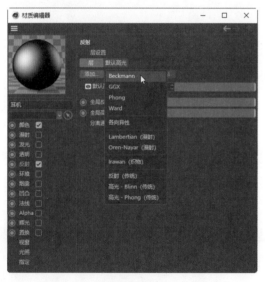

图 5-14

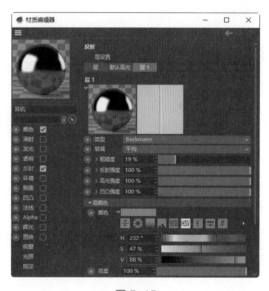

图 5-15

（6）在左侧列表中选择"凹凸"选项，切换到相应的面板，勾选"凹凸"复选框，单击"纹理"选项右侧的███按钮，弹出"打开文件"对话框，选择"Ch05 > 制作金属材质 > tex > 01"文件，单击"打开"按钮，打开文件，结果如图 5-16 所示。在左侧列表中选择"法线"选项，切换到相应的面板，勾选"法线"复选框，单击"纹理"选项右侧的███按钮，弹出"打开文件"对话框，选择"Ch05 > 制作金属材质 > tex > 02"文件，单击"打开"按钮，打开文件，结果如图 5-17 所示。单击"关闭"按钮，关闭对话框。视图窗口中的效果如图 5-18 所示。

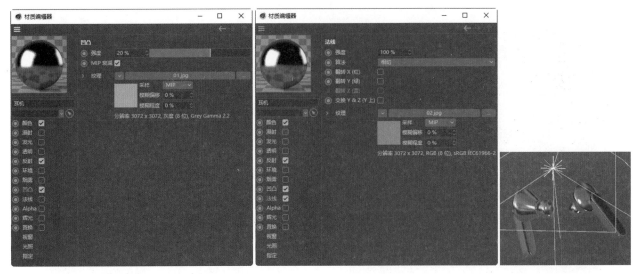

图 5-16　　　　　　　　　　　　　　图 5-17　　　　　　　　　　　　　图 5-18

（7）在"材质"面板中双击，添加一个材质球，并将其重命名为"耳塞"，如图 5-19 所示。在"对象"面板中展开"耳机 > 左耳机"和"耳机 > 右耳机"对象组，将"材质"面板中的"耳塞"材质拖曳到"对象"面板中的两个"放样"对象上，如图 5-20 所示。

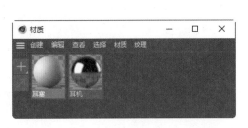

图 5-19

图 5-20

（8）在添加的"耳塞"材质球上双击，弹出"材质编辑器"对话框。在左侧列表中选择"颜色"选项，切换到相应的面板，设置"H"为 225°，"S"为 73%，"V"为 38%，其他选项的设置如图 5-21 所示。在左侧列表中选择"反射"选项，切换到相应的面板，设置"宽度"为 46%，"衰减"为 -23%，"内部宽度"为 0%，"高光强度"为 98%；设置"颜色"选项组中的"H"为 220°，"S"为 44%，"V"为 100%，其他选项的设置如图 5-22 所示。

（9）在左侧列表中选择"凹凸"选项，切换到相应的面板，勾选"凹凸"复选框，设置"强度"为 1%。单击"纹理"选项右侧的■按钮，在弹出的下拉菜单中选择"噪波"命令。单击下方的预览区域，如图 5-23

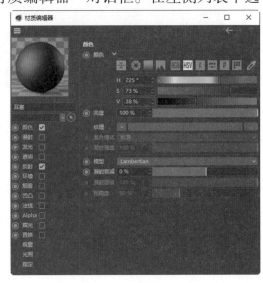

图 5-21

所示。切换到相应的面板，设置"全局缩放"为1%，其他选项的设置如图5-24所示，单击"关闭"按钮，关闭对话框。视图窗口中的效果如图5-25所示。金属材质制作完成。

图 5-22

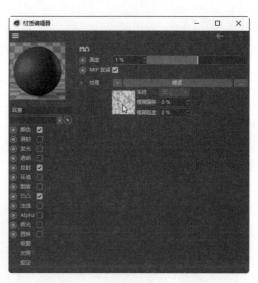

图 5-23

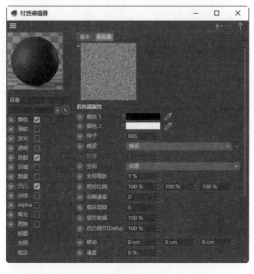

图 5-24

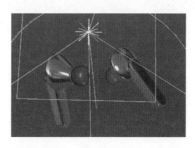

图 5-25

任务 5.2　制作绒布材质

任务 5.2 微课

5.2.1　任务引入

本任务要求读者通过制作室内场景沙发的绒布材质，掌握绒布材质的创建与赋予方法。

5.2.2　任务知识："材质编辑器"对话框中的"凹凸"与"法线"面板

1　凹凸

在场景中创建材质后，在"材质编辑器"对话框中勾选"凹凸"复选框，会打开对应的面板，如图 5-26 所示。该面板主要用于设置材质的凹凸纹理效果。

2　法线

在场景中创建材质后，在"材质编辑器"对话框中勾选"法线"复选框，会打开对应的面板，如图 5-27 所示。该面板主要用于加载法线贴图，使低精度模型具有高精度模型的效果。

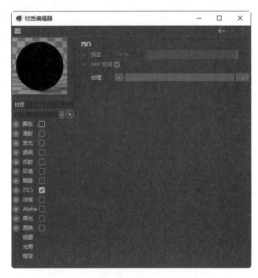

图 5-26

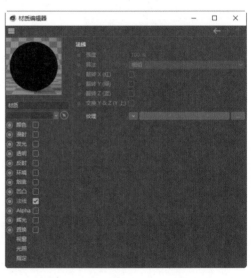

图 5-27

5.2.3　任务实施

（1）启动 Cinema 4D。单击"编辑渲染设置"按钮，弹出"渲染设置"对话框。在"输出"选项组中设置"宽度"为 1400 像素，"高度"1064 像素，如图 5-28 所示，单击"关闭"按钮，关闭对话框。

（2）选择"文件 > 合并项目"命令，在弹出的"打开文件"对话框中，选择云盘中的"Ch05 > 制作绒布材质 > 素材 > 01.c4d"文件，单击"打开"按钮，打开文件。在"对象"面板中，单击"摄像机"对象右侧的 按钮，如图 5-29 所示，进入摄像机视图。视图窗口中的效果如图 5-30 所示。

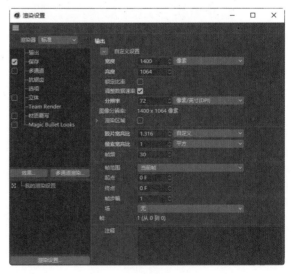

图 5-28

图 5-29

图 5-30

（3）在"材质"面板中双击，添加一个材质球，并将其重命名为"地毯"，如图 5-31 所示。在"对象"面板中展开"沙发"对象组。将"材质"面板中的"地毯"材质拖曳到"对象"面板中的"地毯"对象上，如图 5-32 所示。

图 5-31

图 5-32

（4）双击"材质"面板中的"地毯"材质，弹出"材质编辑器"对话框。在左侧列表中选择"颜色"选项，切换到相应的面板。单击"纹理"选项右侧的■按钮，弹出"打开文件"对话框，选择"Ch05 > 制作绒布材质 > tex > 01"文件，单击"打开"按钮，打开文件，结果如图 5-33 所示。在左侧列表中选择"反射"选项，切换到相应的面板，在"层颜色"选项组下单击"纹理"选项右侧的■按钮，弹出"打开文件"对话框，选择"Ch05 > 制作绒布材质 > tex > 02"文件，单击"打开"按钮，打开文件，结果如图 5-34 所示。

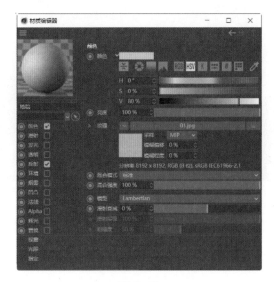

图 5-33

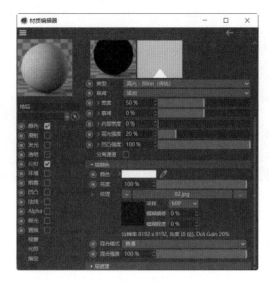

图 5-34

（5）在左侧列表中选择"凹凸"选项，切换到相应的面板，勾选"凹凸"复选框。单击"纹理"选项右侧的█按钮，弹出"打开文件"对话框，选择"Ch05 > 制作绒布材质 > tex > 03"文件，单击"打开"按钮，打开文件，结果如图5-35所示。

（6）在左侧列表中选择"法线"选项，切换到相应的面板，勾选"法线"复选框。单击"纹理"选项右侧的█按钮，弹出"打开文件"对话框，选择"Ch05 > 制作绒布材质 > tex > 04"文件，单击"打开"按钮，打开文件，结果如图5-36所示。单击"关闭"按钮，关闭对话框。

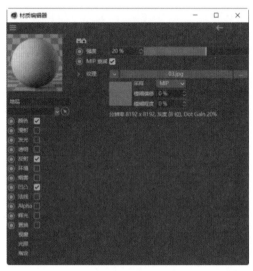

图 5-35

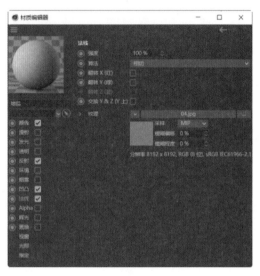

图 5-36

（7）在"对象"面板中单击"地毯"材质标签。在"属性"面板的"标签"选项卡中设置"投射"为"平直"，如图5-37所示。单击"纹理"按钮█，切换为纹理模式。在"坐标"面板的"旋转"选项组中设置"P"为-90°，如图5-38所示。用鼠标右键单击"对象"面板中的"地毯"材质标签，在弹出的菜单中选择"适合对象"命令。视图窗口中的效果如图5-39所示。

图 5-37

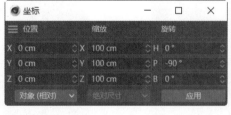

图 5-38

图 5-39

（8）在"材质"面板中双击，添加一个材质球，并将其重命名为"抱枕"，如图5-40所示。将"材质"面板中的"抱枕"材质拖曳到"对象"面板中的"抱枕"对象上，如图5-41所示。

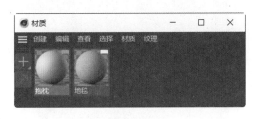

图 5-40

图 5-41

（9）双击"材质"面板中的"抱枕"材质，弹出"材质编辑器"对话框。在左侧列表中选择"颜色"选项，切换到相应的面板。单击"纹理"选项右侧的 ■■ 按钮，弹出"打开文件"对话框，选择"Ch05 > 制作绒布材质 > tex > 05"文件，单击"打开"按钮，打开文件，结果如图 5-42 所示。在左侧列表中选择"凹凸"选项，切换到相应的面板，勾选"凹凸"复选框，单击"纹理"选项右侧的 ■■ 按钮，弹出"打开文件"对话框，选择"Ch05 > 制作绒布材质 > tex > 05"文件，单击"打开"按钮，打开文件，结果如图 5-43 所示。单击"关闭"按钮，关闭对话框。

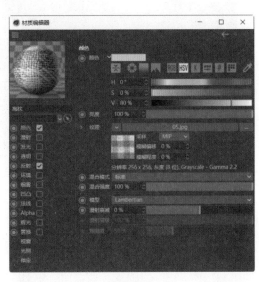

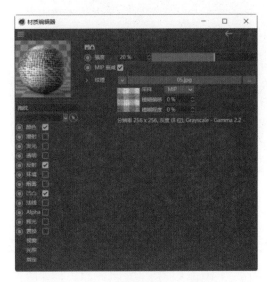

图 5-42

图 5-43

（10）在"材质"面板中双击，添加一个材质球，并将其重命名为"毛巾"，如图 5-44 所示。在"对象"面板中展开"毛巾细分"对象组，将"材质"面板中的"毛巾"材质拖曳到"对象"面板中的"毛巾"对象上，如图 5-45 所示。

（11）双击"材质"面板中的"毛巾"材质，弹出"材质编辑器"对话框。在左侧列表中选择"颜色"选项，切换到相应的面板。单击"纹理"选项右侧的 ■■ 按钮，弹出"打开文件"对话框，选择"Ch05 > 制作绒布材质 > tex > 06"文件，单击"打开"按钮，打开文件，结果如图 5-46 所示。

图 5-44

图 5-45

（12）单击"纹理"选项右侧的█按钮，在弹出的下拉菜单中选择"过滤"命令，单击选项下方的预览区域，切换到相应的面板，设置"色调"为 319°，"饱和度"为 10%，"明度"为 6%，"亮度"为 6%，"对比"为 26%，其他选项的设置如图 5-47 所示。

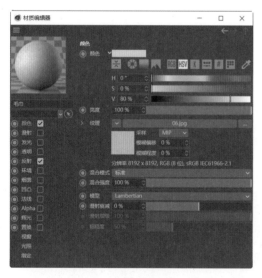

图 5-46

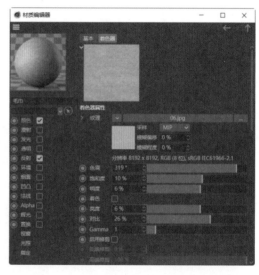

图 5-47

（13）在左侧列表中选择"反射"选项，切换到相应的面板，在"层颜色"选项组下单击"纹理"选项右侧的██按钮，弹出"打开文件"对话框，选择"Ch05 > 制作绒布材质 > tex > 07"文件，单击"打开"按钮，打开文件，结果如图 5-48 所示。单击"关闭"按钮，关闭对话框。

（14）在"对象"面板中单击"毛巾"材质标签，在"属性"面板的"标签"选项卡中设置"投射"为"平直"，如图 5-49 所示。单击"纹理"按钮█，切换为纹理模式。在"坐标"面板的"旋转"选项组中设置"P"为 -90°，如图 5-50 所示。

（15）用鼠标右键单击"对象"面板中的"毛巾"材质标签，在弹出的菜单中选择"适合对象"命令。视图窗口中的效果如图 5-51 所示。在"材质"面板中双击，添加一个材质球，并将其重命名为"沙发底"，如图 5-52 所示。将"材质"面板中的"沙发底"材质拖曳到"对象"面板中的"沙发底"对象上，如图 5-53 所示。

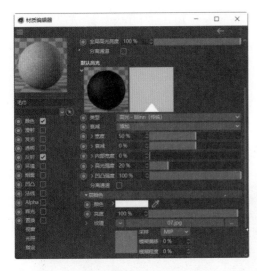

图 5-48

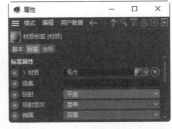

图 5-49

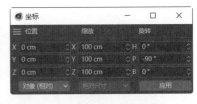

图 5-50

图 5-51

图 5-52

图 5-53

（16）双击"材质"面板中的"沙发底"材质，弹出"材质编辑器"对话框。在左侧列表中选择"颜色"选项，切换到相应的面板。单击"纹理"选项右侧的■■按钮，弹出"打开文件"对话框，选择"Ch05 > 制作绒布材质 > tex > 08"文件，单击"打开"按钮，打开文件，结果如图 5-54 所示。

（17）单击"纹理"选项右侧的■按钮，在弹出的下拉菜单中选择"过滤"命令，单击选项下方的预览区域。切换到相应的面板，设置"饱和度"为 17%，其他选项的设置如图 5-55 所示。

图 5-54

图 5-55

（18）在左侧列表中选择"凹凸"选项，切换到相应的面板，勾选"凹凸"复选框。单击"纹理"选项右侧的▆▆按钮，弹出"打开文件"对话框，选择"Ch05＞制作绒布材质＞tex＞09"文件，单击"打开"按钮，打开文件，设置"强度"为33%，如图5-56所示。

（19）在左侧列表中选择"法线"选项，切换到相应的面板，勾选"法线"复选框。单击"纹理"选项右侧的▆▆按钮，弹出"打开文件"对话框，选择"Ch05＞制作绒布材质＞tex＞10"文件，单击"打开"按钮，打开文件，结果如图5-57所示。单击"关闭"按钮，关闭对话框。

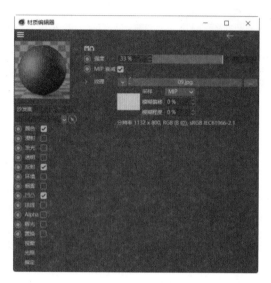

图 5-56　　　　　　　　　　　　　　　　　图 5-57

（20）在"对象"面板中单击"沙发底"材质标签，在"属性"面板的"标签"选项卡中设置"投射"为"立方体"，如图5-58所示。用鼠标右键单击"对象"面板中的"沙发底"材质标签，在弹出的菜单中选择"适合对象"命令。

（21）在"材质"面板中双击，添加一个材质球，并将其重命名为"沙发皮"，如图5-59所示。将"材质"面板中的"沙发皮"材质拖曳到"对象"面板中的"沙发顶对称"对象组上，如图5-60所示。

图 5-58

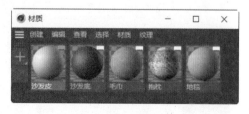

图 5-59

图 5-60

（22）双击"材质"面板中的"沙发皮"材质，弹出"材质编辑器"对话框。在左侧列表中选择"颜色"选项，切换到相应的面板。单击"纹理"选项右侧的▇按钮，弹出"打开文件"对话框，选择"Ch05 > 制作绒布材质 > tex > 11"文件，单击"打开"按钮，打开文件，结果如图5-61所示。

（23）单击"纹理"选项右侧的⌄按钮，在弹出的下拉菜单中选择"过滤"命令，单击选项下方的预览区域，切换到相应的面板，设置"色调"为6°，"饱和度"为5%，"明度"为11%，"亮度"为11%，"对比"为16%，其他选项的设置如图5-62所示。

图 5-61

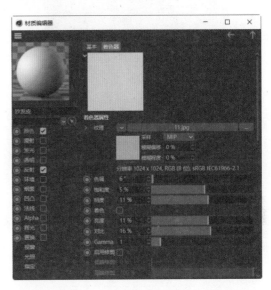

图 5-62

（24）在左侧列表中选择"反射"选项，切换到相应的面板，设置"宽度"为43%，"衰减"为-20%，"内部宽度"为6%，"高光强度"为71%，如图5-63所示。在左侧列表中选择"凹凸"选项，切换到相应的面板，勾选"凹凸"复选框。单击"纹理"选项右侧的▇按钮，弹出"打开文件"对话框，选择"Ch05 > 制作绒布材质 > tex > 12"文件，单击"打开"按钮，打开文件，结果如图5-64所示。单击"关闭"按钮，关闭对话框。

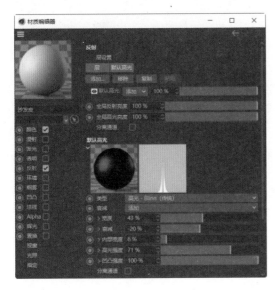

图 5-63

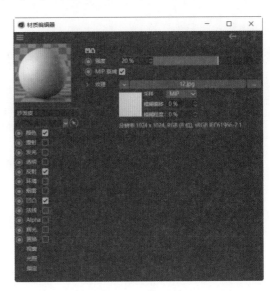

图 5-64

（25）在"对象"面板中单击"沙发皮"材质标签。在"属性"面板的"标签"选项卡中设置"投射"为"立方体"，如图5-65所示。用鼠标右键单击"对象"面板中的"沙发皮"材质标签，在弹出的菜单中选择"适合对象"命令，在弹出的对话框中单击"是"按钮。视图窗口中的效果如图5-66所示。

图5-65

图5-66

（26）在"材质"面板中双击，添加一个材质球，并将其重命名为"右抱枕"，如图5-67所示。在"对象"面板中，展开"抱枕细分＞抱枕"对象组。将"材质"面板中的"右抱枕"材质拖曳到"对象"面板中的"右抱枕"对象上，如图5-68所示。

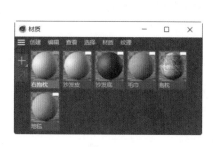

图5-67

图5-68

（27）双击"材质"面板中的"右抱枕"材质，弹出"材质编辑器"对话框。在左侧列表中选择"颜色"选项，切换到相应的面板。单击"纹理"选项右侧的███按钮，弹出"打开文件"对话框，选择"Ch05＞制作绒布材质＞tex＞13"文件，单击"打开"按钮，打开文件，结果如图5-69所示。单击"纹理"选项右侧的▼按钮，在弹出的下拉菜单中选择"过滤"命令，单击选项下方的预览区域，切换到相应的面板，设置"色调"为360°，"饱和度"为48%，其他选项的设置如图5-70所示。

（28）在左侧列表中选择"反射"选项，切换到相应的面板，设置"宽度"为36%，"衰减"为-24%，"内部宽度"为4%，"高光强度"为56%，如图5-71所示。在左侧列表中选择"凹凸"选项，切换到相应的面板，勾选"凹凸"复选框。单击"纹理"选项右侧的███按钮，弹出"打开文件"对话框，选择"Ch05＞制作绒布材质＞tex＞14"文件，单击"打开"按钮，打开文件，结果如图5-72所示。单击"关闭"按钮，关闭对话框。

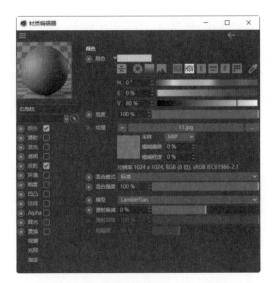

图 5-69

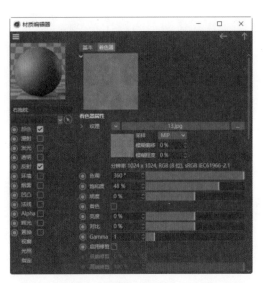

图 5-70

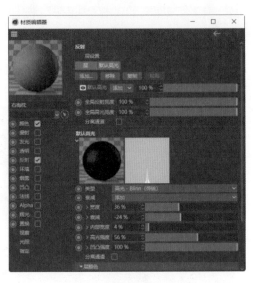

图 5-71

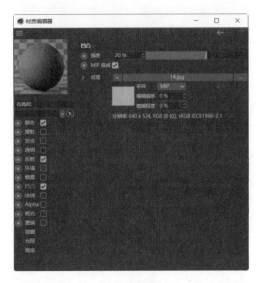

图 5-72

（29）在"对象"面板中单击"右抱枕"材质标签，在"属性"面板的"标签"选项卡中设置"投射"为"立方体"，如图 5-73 所示。用鼠标右键单击"对象"面板中的"右抱枕"材质标签，在弹出的菜单中选择"适合对象"命令，在弹出的对话框中单击"是"按钮。视图窗口中的效果如图 5-74 所示。

图 5-73

图 5-74

（30）在"材质"面板中双击，添加一个材质球，并将其重命名为"左抱枕"，如图 5-75 所示。将"材质"面板中的"左抱枕"材质拖曳到"对象"面板中的"左抱枕"对象上，如图 5-76 所示。

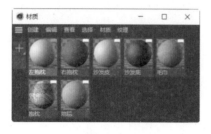

图 5-75

图 5-76

（31）双击"材质"面板中的"左抱枕"材质，弹出"材质编辑器"对话框。在左侧列表中选择"颜色"选项，切换到相应的面板。单击"纹理"选项右侧的■按钮，弹出"打开文件"对话框，选择"Ch05 > 制作绒布材质 > tex > 13"文件，单击"打开"按钮，打开文件，结果如图 5-77 所示。在左侧列表中选择"反射"选项，切换到相应的面板，设置"宽度"为 40%，"衰减"为 -9%，"内部宽度"为 5%，"高光强度"为 33%，如图 5-78 所示。

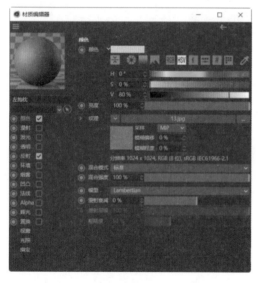

图 5-77

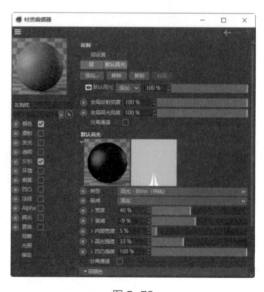

图 5-78

（32）在左侧列表中选择"凹凸"选项，切换到相应的面板，勾选"凹凸"复选框。单击"纹理"选项右侧的■按钮，弹出"打开文件"对话框，选择"Ch05 > 制作绒布材质 > tex > 15"文件，单击"打开"按钮，打开文件，结果如图 5-79 所示。单击"关闭"按钮，关闭对话框。

（33）在"对象"面板中单击"左抱枕"材质标签，在"属性"面板的"标签"选项卡中设置"投射"为"立方体"，如图 5-80 所示。用鼠标右键单击"对象"面板中的"左抱枕"材质标签，在弹出的菜单中选择"适合对象"命令，在弹出的对话框中单击"是"按钮。视图窗口中的效果如图 5-81 所示。

（34）在"材质"面板中双击，添加一个材质球，并将其重命名为"长抱枕"，如图 5-82 所示。

将"材质"面板中的"长抱枕"材质拖曳到"对象"面板中的"长抱枕"对象上，如图5-83所示。

（35）双击"材质"面板中的"长抱枕"材质，弹出"材质编辑器"对话框。在左侧列表中选择"颜色"选项，切换到相应的面板。单击"纹理"选项右侧的 ▓▓ 按钮，弹出"打开文件"对话框，选择"Ch05 > 制作绒布材质 > tex > 16"文件，单击"打开"按钮，打开文件，结果如图5-84所示。

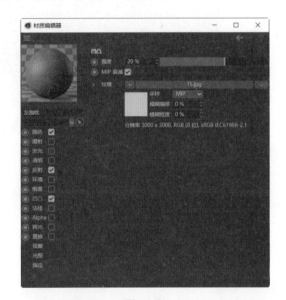

图 5-79

图 5-80

图 5-81

图 5-82

图 5-83

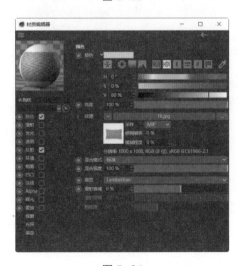

图 5-84

（36）在左侧列表中选择"凹凸"选项，切换到相应的面板，勾选"凹凸"复选框。

单击"纹理"选项右侧的 ▓ 按钮，弹出"打开文件"对话框，选择"Ch05 > 制作绒布材质 >tex > 17"文件，单击"打开"按钮，打开文件，结果如图5-85所示。单击"关闭"按钮，关闭对话框。

（37）在"对象"面板中单击"长抱枕"材质标签，在"属性"面板的"标签"选项卡中设置"投射"为"立方体"。用鼠标右键单击"对象"面板中的"长抱枕"材质标签，在弹出的菜单中选择"适合对象"命令。在"属性"面板的"标签"选项卡中设置"偏移U"为-18%，"偏移V"为-54%，"长度U"为150%，"长度V"为200%，如图5-86所示。视图窗口中的效果如图5-87所示。绒布材质制作完成。

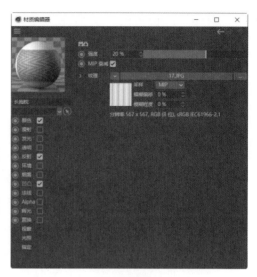

图5-85

图5-86

图5-87

任务 5.3　制作玻璃材质

任务5.3微课

5.3.1　任务引入

本任务要求读者通过制作食品餐饮活动页汽水瓶玻璃材质，掌握玻璃材质的创建与赋予方法。

5.3.2　任务知识："材质编辑器"对话框中的"发光"与"透明"面板

1 发光

在场景中创建材质后，在"材质编辑器"对话框中勾选"发光"复选框，会打开对应的面板，如图 5-88 所示。该面板主要用于设置材质的自发光效果。

② 透明

在场景中创建材质后，在"材质编辑器"对话框中勾选"透明"复选框，会打开对应的面板，如图 5-89 所示。该面板主要用于设置材质的透明和半透明效果。

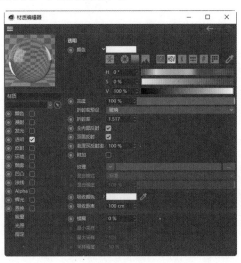

图 5-88　　　　　　　　　　　　　　　　　　图 5-89

5.3.3　任务实施

（1）启动 Cinema 4D。单击"编辑渲染设置"按钮 ，弹出"渲染设置"对话框。在"输出"选项组中设置"宽度"为 750 像素，"高度"为 1106 像素，如图 5-90 所示，单击"关闭"按钮，关闭对话框。

（2）选择"文件 > 合并项目"命令，在弹出的"打开文件"对话框中，选择云盘中的"Ch05 > 制作玻璃材质 > 素材 > 01.c4d"文件，单击"打开"按钮，打开文件。在"对象"面板中，单击"摄像机"对象右侧的 按钮，如图 5-91 所示，进入摄像机视图。视图窗口中的效果如图 5-92 所示。

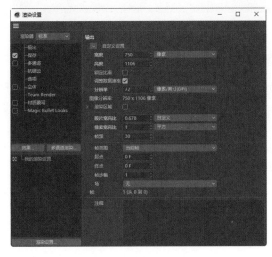

图 5-90　　　　　　　　　图 5-91　　　　　　　图 5-92

（3）在"材质"面板中双击，添加一个材质球，并将其重命名为"玻璃"，如图5-93所示。将"材质"面板中的"玻璃"材质拖曳到"对象"面板中的"瓶身"对象上，如图5-94所示。

图5-93

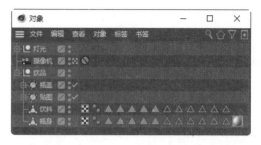

图5-94

（4）在"材质"面板中的"玻璃"材质上双击，弹出"材质编辑器"对话框。在左侧列表中取消勾选"颜色"复选框，分别勾选"透明"复选框和"凹凸"复选框。选择"透明"选项，切换到相应的面板，设置"折射率"为1.2，如图5-95所示。在左侧列表中选择"反射"选项，切换到相应的面板，设置"类型"为"Phong"，"粗糙度"为100%，"反射强度"为100%，"高光强度"为0%，其他选项的设置如图5-96所示。

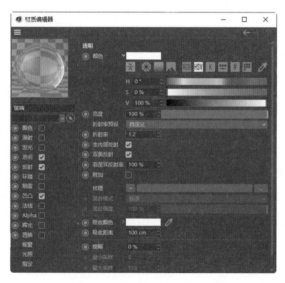

图5-95

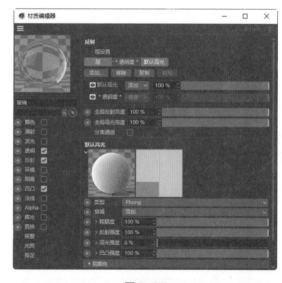

图5-96

（5）在左侧列表中选择"凹凸"选项，切换到相应的面板，设置"强度"为2%。单击"纹理"选项右侧的 按钮，在弹出的下拉菜单中选择"噪波"命令。单击选项下方的预览区域，如图5-97所示。切换到相应的面板，设置"全局缩放"为924%，其他选项的设置如图5-98所示，单击"关闭"按钮，关闭对话框。视图窗口中的效果如图5-99所示。

（6）在"材质"面板中双击，添加一个材质球，并将其重命名为"饮料"，如图5-100所示。将"材质"面板中的"饮料"材质拖曳到"对象"面板中的"饮料"对象上，如图5-101所示。

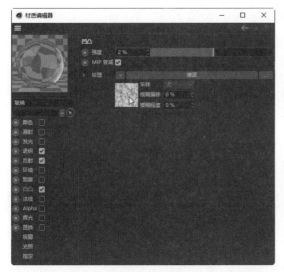

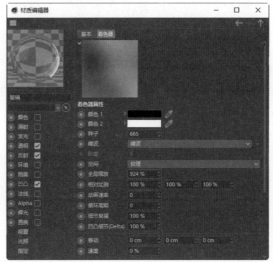

图 5-97　　　　　　　　　　　　　　　图 5-98　　　　　　　　　图 5-99

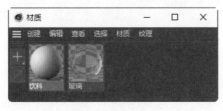

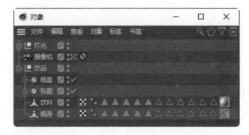

图 5-100　　　　　　　　　　　　　　　图 5-101

（7）在"材质"面板中的"饮料"材质上双击，弹出"材质编辑器"对话框。在左侧列表中取消勾选"颜色"复选框，在左侧列表中选择"透明"选项，切换到相应的面板，勾选"透明"复选框，设置"折射率"为 1.5，取消勾选"全内部反射"和"双面反射"复选框，如图 5-102 所示。在左侧列表中选择"反射"选项，切换到相应的面板，设置"衰减"为 22%，"内部宽度"为 50%，"高光强度"为 49%，其他选项的设置如图 5-103 所示，单击"关闭"按钮，关闭对话框。视图窗口中的效果如图 5-104 所示。

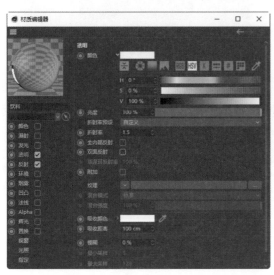

图 5-102　　　　　　　　　　　　　　　图 5-103　　　　　　　　图 5-104

（8）在"材质"面板中双击，添加一个材质球，并将其重命名为"贴图"，如图5-105所示。将"材质"面板中的"贴图"材质拖曳到"对象"面板中的"贴图"对象上，如图5-106所示。

（9）在"材质"面板中的"贴图"材质上双击，弹出"材质编辑器"对话框。在左侧列表中选择"颜色"选项，切换到相应的面板，设置"H"为333.7°，"S"为23%，"V"为88%，其他选项的设置如图5-107所示，单击"关闭"按钮，关闭对话框。

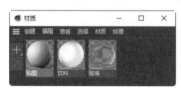

图 5-105

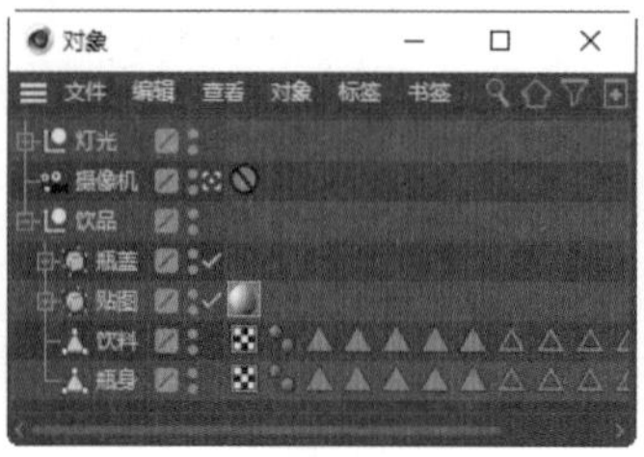

图 5-106

图 5-107

（10）在"材质"面板中双击，添加一个材质球，并将其重命名为"瓶盖"，如图5-108所示。将"材质"面板中的"瓶盖"材质拖曳到"对象"面板中的"瓶盖"对象上，如图5-109所示。

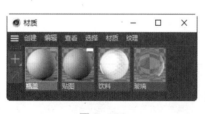

图 5-108

图 5-109

（11）在"材质"面板中的"贴图"材质上双击，弹出"材质编辑器"对话框。在左侧列表中选择"颜色"选项，切换到相应的面板，设置"H"为30°，"S"为2.7%，"V"为86.3%，其他选项的设置如图5-110所示。在左侧列表中选择"反射"选项，切换到相应的面板，设置"类型"为"Phong"，"衰减"为"平均"，"粗糙度"为15%，"反射强度"为100%，"高光强度"为0%，"亮度"为40%，其他选项的设置如图5-111所示。单击"关闭"按钮，关闭对话框。视图窗口中的效果如图5-112所示。玻璃材质制作完成。

图 5-110

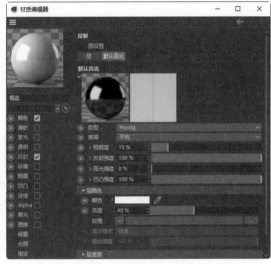

图 5-111

图 5-112

任务 5.4 项目演练——制作陶瓷材质

5.4.1 任务引入

本任务要求读者通过制作家电电商 Banner 吹风机的陶瓷材质，掌握陶瓷材质的创建与赋予方法。

5.4.2 任务实施

使用"材质"面板创建材质并设置材质参数，使用"属性"面板调整材质属性。最终效果参看云盘中的"Ch05/ 制作陶瓷材质 / 工程文件 .c4d"，如图 5-113 所示。

图 5-113

任务 5.4 微课

06

项目6

渲染出色的图像——Cinema 4D图像渲染

Cinema 4D中的渲染是指为创建好的模型生成图像的过程，渲染时需要考虑环境、渲染器以及渲染设置等各种因素。本项目将对渲染电子产品海报中的耳机、渲染食品网店广告活动页中的汽水瓶的方法进行系统讲解。通过本项目的学习，读者可以对Cinema 4D的渲染技术有一个全面的认识，并可以快速掌握常用模型的渲染技术与技巧。

学习引导

知识目标

- 了解常用的渲染器
- 熟悉常用的环境工具
- 熟悉渲染工具组中的工具
- 熟悉"渲染设置"对话框中常用选项的设置方法

能力目标

- 掌握环境的制作方法
- 掌握渲染输出的方法

实训项目

- 渲染电子产品海报中的耳机
- 渲染食品网店广告活动页中的汽水瓶

素养目标

- 培养严谨的工作态度
- 培养综合考虑问题的习惯

相关知识：**Cinema 4D 的常用渲染器**

渲染是三维设计中的重要环节，直接影响最终的效果，因此选择合适的渲染器非常重要。Cinema 4D 中的常用渲染器包括标准 / 物理渲染器、ProRender 渲染器、Octane Render 渲染器、Arnold 渲染器和 RedShift 渲染器。

1 标准 / 物理渲染器

在"渲染设置"对话框中，单击"渲染器"右侧的 标准 按钮，在弹出的下拉菜单中可以选择系统预置的渲染器，如图 6-1 所示，其中"标准"渲染器和"物理"渲染器较为常用。

图 6-1

"标准"渲染器是 Cinema 4D 默认的渲染器，但不能用于渲染景深和模糊效果。

"物理"渲染器采用基于物理学的一种渲染方式，能够用于模拟真实的物理环境，但渲染速度较慢。

2 ProRender 渲染器

ProRender 渲染器是一款 GPU 渲染器，依靠显卡进行渲染。该渲染器与 Cinema 4D 内置的渲染器相比，渲染速度更快，但对计算机显卡的要求更高。

3 Octane Render 渲染器

Octane Render 渲染器同样是一款 GPU 渲染器，也是 Cinema 4D 中常用的一款渲染器插件。该渲染器在自发光和 SSS 材质表现上有着非常显著的效果，并具有渲染速度快、光线效果柔和、渲染效果图真实自然的特点。

4 Arnold 渲染器

Arnold 渲染器是一款基于物理的光线追踪引擎的渲染器，支持 CPU 和 GPU 两种渲染模式。该渲染器的渲染效果具有稳定和真实的特点，但它对 CPU 的配置要求较高。如果 CPU 配置不足，在渲染玻璃或透明类材质时速度会较慢。

5 RedShift 渲染器

RedShift 渲染器也同样是一款 GPU 渲染器。该渲染器拥有强大的节点系统，且渲染速度较快，适合用于进行艺术创作和动画制作。

任务 6.1 渲染电子产品海报中的耳机

任务 6.1 微课

6.1.1 任务引入

本任务要求读者通过渲染电子产品海报中的耳机，熟悉环境工具的使用方法，掌握"渲染设置"对话框中常用选项的设置方法，并对图像进行渲染输出。

6.1.2 任务知识：环境

在设计过程中，如果需要模拟真实的生活场景，除主体元素外，还需要增加天空、物理天空等自然场景。在 Cinema 4D 中可以直接创建系统预置的多种类型的自然场景，通过"属性"面板可以调整场景的属性参数。

长按工具栏中的"地板"按钮 ▦，弹出场景列表，如图 6-2 所示。或选择"创建 > 场景"命令和"创建 > 物理天空"命令，弹出场景列表，如图 6-3 和图 6-4 所示。在列表中单击需要的场景，即可创建对应的场景。

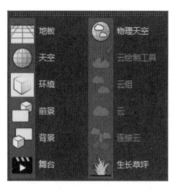
图 6-2

图 6-3

图 6-4

① 天空

"天空"工具 ●天空 通常用于模拟生活中的天空。使用该工具可以建立一个无限大的球体包裹住场景，如图 6-5 所示，渲染效果如图 6-6 所示。

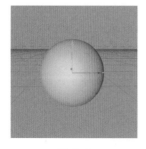
图 6-5

图 6-6

2 物理天空

"物理天空"工具的功能与"天空"工具类似，使用该工具同样可以建立一个无限大的球体包裹住场景，如图6-7所示，添加区域光后，渲染效果如图6-8所示。物理天空对象的"属性"面板中增加了"时间与区域""天空""太阳""细节"选项卡，可以通过设置不同的地理位置和时间，使环境显示出不同的效果。

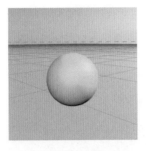
图 6-7

图 6-8

6.1.3 任务实施

（1）启动 Cinema 4D。单击"编辑渲染设置"按钮 🔧，弹出"渲染设置"对话框。在"输出"选项组中设置"宽度"为 1242 像素，"高度"为 2208 像素，如图 6-9 所示，单击"关闭"按钮，关闭对话框。

（2）选择"文件 > 合并项目"命令，在弹出的"打开文件"对话框中，选择云盘中的"Ch06 > 渲染电子产品海报中的耳机 > 素材 > 01.c4d"文件，单击"打开"按钮，打开文件。在"对象"面板中，单击"摄像机"对象右侧的 按钮，如图 6-10 所示，进入摄像机视图。视图窗口中的效果如图 6-11 所示。

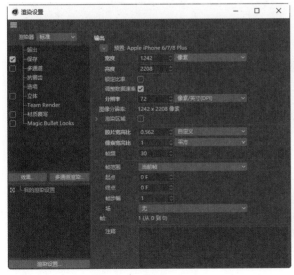
图 6-9

图 6-10

图 6-11

（3）选择"物理天空"工具，"对象"面板中会生成一个"物理天空"对象，如图 6-12 所示。在"属性"面板的"天空"选项卡中，设置"颜色暖度"为 20%，如图 6-13 所示。在"太阳"选项卡中，勾选"自定义颜色"复选框，设置"H"为 66°，"S"为 10%，"V"为 98%，展开"投影"选项组，设置"类型"为"无"，如图 6-14 所示。（注："物理天空"对象会根据不同的地理位置和时间，使环境显示出不同的效果，可根据实际需要在"时间与区域"选项卡中调整相关参数。如果没有进行特别设置，则会自动根据制作时的时间和地理位置设置环境。）

图 6-12

图 6-13

图 6-14

（4）单击"编辑渲染设置"按钮，弹出"渲染设置"对话框，设置"渲染器"为"物理"，在左侧列表中选择"保存"选项，切换到相应的面板，设置"格式"为"PNG"，如图 6-15 所示。单击"效果"按钮，在弹出的下拉菜单中分别选择"环境吸收"和"全局光照"命令，左侧列表中会添加"环境吸收"和"全局光照"选项。在"全局光照"面板中设置"预设"为"内部 - 高（小光源）"，如图 6-16 所示。单击"关闭"按钮，关闭对话框。

图 6-15

图 6-16

（5）单击"渲染到图像查看器"按钮，弹出"图像查看器"对话框，如图 6-17 所示。渲染完成后，单击对话框中的"将图像另存为"按钮，弹出"保存"对话框，如图 6-18 所示，按需要保存文件。电子产品海报中的耳机渲染完成。

图 6-17

图 6-18

任务 6.2　渲染食品网店广告活动页中的汽水瓶

任务 6.2 微课

6.2.1　任务引入

本任务要求读者通过渲染食品网店广告活动页中的汽水瓶，熟悉渲染工具组中工具的使用方法，掌握"渲染设置"对话框中常用选项的设置方法，并对图像进行渲染。

6.2.2　任务知识：渲染的相关知识

① 渲染工具组

（1）渲染活动视图

单击工具栏中的"渲染活动视图"按钮，可以在视图窗口中直接预览渲染效果，但不能导出图像，如图 6-19 所示。在视图窗口中的任意位置单击或调整参数，将退出渲染效果的预览，切换成普通场景状态，如图 6-20 所示。

（2）渲染到图像查看器

单击工具栏中的"渲染到图像查看器"按钮，弹出"图像查看器"对话框，如图 6-21

所示，在其中能够显示渲染效果并导出图像。

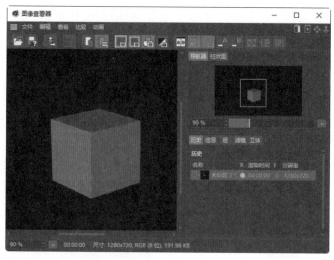

图 6-19

图 6-20

图 6-21

2　编辑渲染设置

当场景动画制作完成后，需要设置渲染器中的各项参数，并进行渲染输出。单击工具栏中的"编辑渲染设置"按钮，弹出"渲染设置"对话框，如图 6-22 所示。

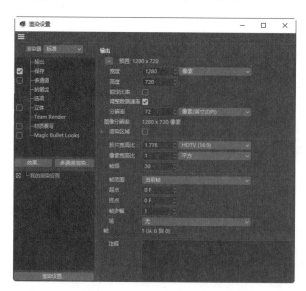
图 6-22

（1）输出

在"渲染设置"对话框中选择"输出"选项，切换到相应的面板，如图 6-23 所示。该面板主要用于设置渲染图像的尺寸、分辨率、比例以及帧范围。

（2）保存

在"渲染设置"对话框中选择"保存"选项，切换到相应的面板，如图 6-24 所示。该面板主要用于设置场景动画的保存路径和保存格式等。

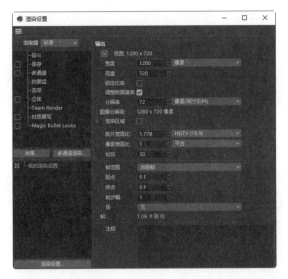

图 6-23　　　　　　　　　　　　　　　　　　图 6-24

（3）多通道

在"渲染设置"对话框中选择"多通道"选项，切换到相应的面板，勾选"多通道"复选框，如图 6-25 所示。可以通过设置"分离灯光"选项和"模式"选项，将场景中的通道单独渲染出来，以便在后期软件中进行调整，也就是通常所说的"分层渲染"。

（4）抗锯齿

在"渲染设置"对话框中选择"抗锯齿"选项，切换到相应的面板，如图 6-26 所示。该面板只能在"标准"渲染器中使用，主要用于消除渲染图像边缘的锯齿，使边缘更加平滑。

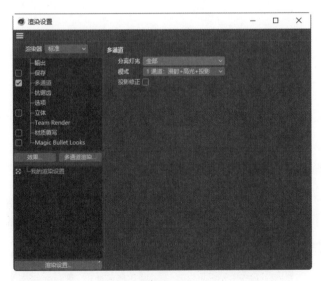
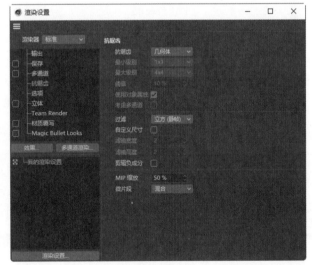

图 6-25　　　　　　　　　　　　　　　　　　图 6-26

（5）全局光照

"全局光照"选项是常用的渲染设置之一，具有可以计算出场景的全局光照效果，并能使渲染图像中的光影关系更加真实的特点。

在"渲染设置"对话框中单击"效果"按钮，在弹出的下拉菜单中选择"全局光照"命令，即可在"渲染设置"对话框中添加"全局光照"选项，如图 6-27 所示。

（6）环境吸收

"环境吸收"选项同样是常用的渲染设置之一，具有增强场景模型整体的阴影效果，使其更加立体的特点。"环境吸收"面板中的参数通常保持默认设置即可。

在"渲染设置"对话框中单击"效果"按钮，在弹出的下拉菜单中选择"环境吸收"命令，即可在"渲染设置"对话框中添加"环境吸收"选项，如图 6-28 所示。

图 6-27

图 6-28

6.2.3　任务实施

（1）启动 Cinema 4D。单击"编辑渲染设置"按钮 ⚙，弹出"渲染设置"对话框。在"输出"选项组中设置"宽度"为 750 像素，"高度"为 1106 像素，如图 6-29 所示，单击"关闭"按钮，关闭对话框。

（2）选择"文件 > 合并项目"命令，在弹出的"打开文件"对话框中，选择云盘中的"Ch06 > 渲染食品网店广告活动页中的汽水瓶 > 素材 > 01.c4d"文件，单击"打开"按钮，打开文件。在"对象"面板中，单击"摄像机"对象右侧的 ■■ 按钮，如图 6-30 所示，进入摄像机视图。视图窗口中的效果如图 6-31 所示。

图 6-29

图 6-30　　　　　　　　　　　　　　　　　　　　　　图 6-31

（3）按F3键切换到右视图。选择"样条画笔"工具 ，在视图窗口中适当的位置分别单击，创建 3 个节点，生成一个样条。在绘制的样条上单击鼠标右键，在弹出的菜单中选择"断开点连接"命令，效果如图 6-32 所示。"对象"面板中会生成一个"样条"对象，如图 6-33 所示。单击"点"按钮 ，切换为点模式。选择"框选"工具 ，框选需要的点，如图 6-34 所示。

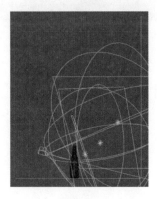

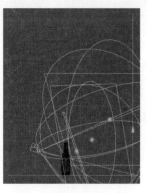

图 6-32　　　　　　　　　　　　图 6-33　　　　　　　　　　　　图 6-34

（4）单击鼠标右键，在弹出的菜单中选择"倒角"命令。在"属性"面板中，设置"半径"为 200cm，如图 6-35 所示，效果如图 6-36 所示。在"对象"面板中选中"样条"对象，在"属性"面板的"对象"选项卡中，设置"点插值方式"为"统一"，"数量"为 100，如图 6-37 所示。

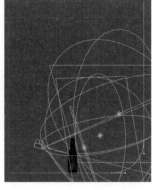

图 6-35　　　　　　　　　　　　图 6-36　　　　　　　　　　　　图 6-37

（5）按F4键切换到正视图。选择"矩形"工具 ，"对象"面板中会生成一个"矩形"

对象，如图 6-38 所示。在"属性"面板的"对象"选项卡中，设置"宽度"为 0cm，"高度"为 4000cm，如图 6-39 所示。

（6）选择"扫描"工具 ，"对象"面板中会生成一个"扫描"对象。分别将"样条"对象和"矩形"对象拖到"扫描"对象的下方，并将"扫描"对象组重命名为"背景板"。折叠对象组，并将其拖到"饮品"对象组的上方，如图 6-40 所示。

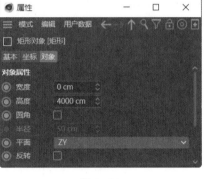

图 6-38　　　　　　　　　　图 6-39　　　　　　　　　　图 6-40

（7）在"材质"面板中双击，添加一个材质球，并将其重命名为"背景板"，如图 6-41 所示。将"材质"面板中的"背景板"材质拖曳到"对象"面板中的"背景板"对象组上，如图 6-42 所示。视图窗口中的效果如图 6-43 所示。

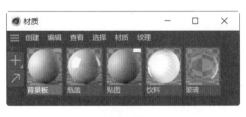

图 6-41　　　　　　　　　　图 6-42　　　　　　　　　　图 6-43

（8）在"材质"面板中的"背景板"材质上双击，弹出"材质编辑器"对话框。在左侧列表中选择"颜色"选项，切换到相应的面板，设置"纹理"为"渐变"；单击"渐变预览框"按钮，切换到相应的面板，设置"类型"为"二维 -V"，如图 6-44 所示。

（9）双击"渐变"色条下方左侧的"色标 .1"按钮，弹出"渐变色标设置"对话框，设置"H"为 0°，"S"为 0%，"V"为 95%，"位置偏差"为 35%，如图 6-45 所示，单击"确定"按钮，返回"材质编辑器"对话框。双击"渐变"色条下方右侧的"色标 .2"按钮，弹出"渐变色标设置"对话框，设置"H"为 0°，"S"为 0%，"V"为 71%，如图 6-46 所示，单击"确定"按钮，返回"材质编辑器"对话框。单击"关闭"按钮，关闭对话框。

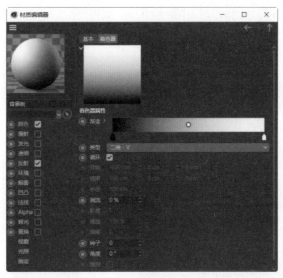

图 6-44

图 6-45

图 6-46

（10）选择"天空"工具🌐，"对象"面板中会生成一个"天空"对象，如图6-47所示。在"材质"面板中双击，添加一个材质球，并将其重命名为"天空"，如图6-48所示。

图 6-47

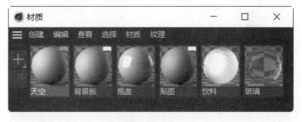

图 6-48

（11）在"材质"面板中的"天空"材质上双击，弹出"材质编辑器"对话框。在左侧列表中取消勾选"颜色"复选框和"反射"复选框，选择"发光"选项，切换到相应的面板，勾选"发光"复选框，单击"纹理"选项右侧的▪▪▪按钮，弹出"打开文件"对话框，选择"Ch06 > 渲染食品网店广告活动页中的汽水瓶 > tex > 06"文件，单击"打开"按钮，打开文件，如图6-49所示。单击"关闭"按钮，关闭对话框。将"材质"面板中的"天空"材质拖曳到"对象"面板中的"天空"对象上，如图6-50所示。

（12）单击"编辑渲染设置"按钮⚙，弹出"渲染设置"对话框。在左侧列表中选择"保存"选项，切换到相应的面板，设置"格式"为"PNG"，如图6-51所示。在左侧列表中选择"抗锯齿"选项，切换到相应的面板，设置"抗锯齿"为"最佳"，如图 6-52 所示。

图 6-49   图 6-50

图 6-51   图 6-52

（13）单击"效果"按钮，在弹出的下拉菜单中选择"全局光照"命令，左侧列表中会添加"全局光照"选项，在"常规"选项卡中设置"预设"为"内部-高（小光源）"，如图 6-53 所示。单击"效果"按钮，在弹出的下拉菜单中选择"环境吸收"命令，左侧列表中会添加"环境吸收"选项，如图 6-54 所示。单击"关闭"按钮，关闭对话框。

（14）单击"渲染到图像查看器"按钮，弹出"图像查看器"对话框，如图 6-55 所示。渲染完成后，单击对话框中的"将图像另存为"按钮，弹出"保存"对话框，如图 6-56 所示，按需要保存文件。食品网店广告活动页中的汽水瓶渲染完成。

图 6-53

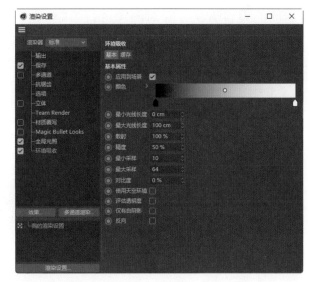

图 6-54

图 6-55

图 6-56

任务 6.3　项目演练——渲染家电电商 Banner 中的吹风机

6.3.1　任务引入

本任务要求读者通过渲染家电电商 Banner 中的吹风机，掌握"渲染设置"对话框中常用选项的设置方法，并对图像进行渲染。

6.3.2 任务实施

使用"物理天空"工具制作环境，使用"渲染设置"对话框渲染效果图。最终效果参看云盘中的"Ch06/ 渲染家电电商 Banner 中的吹风机 / 工程文件 .c4d"，如图 6-57 所示。

任务 6.3 微课

图 6-57

项目7

让模型动起来——Cinema 4D动画技术

07

运用Cinema 4D可以为各类项目制作动画，如活动页动画、闪屏页动画和主图动画等。本项目将从实战角度对用Cinema 4D制作动画的方法进行系统讲解。通过本项目的学习，读者可以对用Cinema 4D制作动画的方法有一个基本的认识，并可以快速掌握运用Cinema 4D制作动画的技术和技巧。

学习引导

知识目标
- 熟悉制作关键帧动画的常用工具
- 熟悉常用的摄像机类型
- 熟悉摄像机的常用属性

能力目标
- 掌握关键帧动画的制作方法
- 掌握摄像机动画的制作方法

实训项目
- 制作云彩飘移动画
- 制作汽水瓶的运动模糊效果

素养目标
- 拓宽动画创作思路
- 提高对动画的审美能力

相关知识： **Cinema 4D 动画的制作方法**

在 Cinema 4D 中制作动画指的是根据项目需求，为已经创建好的三维模型添加动态效果。Cinema 4D 拥有一套强大的动画系统，可使渲染出的模型动画十分逼真、生动。其中较为常用的动画包括关键帧动画和摄像机动画，示例如图 7-1 所示。

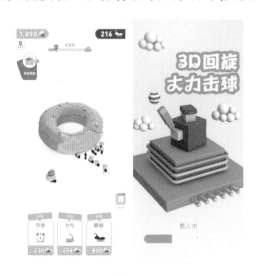

图 7-1

任务 7.1 制作云彩飘移动画

任务 7.1 微课

7.1.1 任务引入

本任务要求读者通过制作食品餐饮活动页的云彩飘移动画，熟悉时间轴工具的使用方法，掌握关键帧动画的制作方法。

7.1.2 任务知识：时间轴工具、时间线窗口和关键帧动画

1 时间轴工具

"时间线"面板中包含多个工具按钮，主要用于播放和编辑动画，如图 7-2 所示。

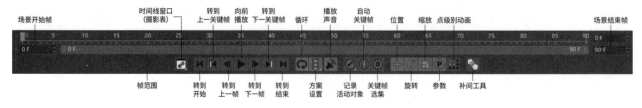

图 7-2

2 时间线窗口

在 Cinema 4D 中制作动画时，通常使用时间线窗口进行编辑。单击"时间线"面板中的"时间线窗口（摄影表）"按钮 ，在弹出的下拉菜单中选择需要的窗口，如图 7-3 所示，即可打开相应的对话框。

图 7-3

3 关键帧动画

关键帧是指角色或对象运动或变化过程中的关键动作所在的那一帧。关键帧的参数可以影响到画面中的对象，因此关键帧在制作动画时的应用十分广泛。

在"时间线窗口（摄影表）"对话框中记录需要的关键帧，有关键帧的位置会出现方块标记，起始位置有指针标记，如图 7-4 所示。单击"时间线"面板中的"向前播放"按钮 ，即可在场景中看到关键帧动画效果。

图 7-4

7.1.3 任务实施

（1）启动 Cinema 4D。单击"编辑渲染设置"按钮 ，弹出"渲染设置"对话框。在"输出"选项组中设置"宽度"为 750 像素，"高度"为 1106 像素，"帧频"为 25，如图 7-5 所示，单击"关闭"按钮，关闭对话框。在"属性"面板的"工程设置"选项卡中设置"帧率"为 25，如图 7-6 所示。

（2）选择"文件 > 合并项目"命令，在弹出的"打开文件"对话框中，选择云盘中的"Ch07 > 制作云彩飘移动画 > 素材 > 01.c4d"文件，单击"打开"按钮，打开文件。在"对象"面板中单击"摄像机"对象右侧

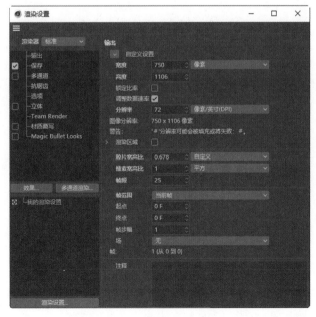

图 7-5

的 ▇ 按钮，如图 7-7 所示，进入摄像机视图。

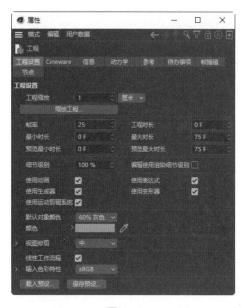

图 7-6   图 7-7

（3）在"时间线"面板中将"场景结束帧"设置为 140F，按 Enter 键确定操作，如图 7-8 所示。

图 7-8

（4）在"对象"面板中选中"云彩"对象组，如图 7-9 所示。在"坐标"面板的"位置"选项组中，设置"X"为 312cm，"Y"为 431cm，"Z"为 -236cm，如图 7-10 所示，单击"应用"按钮。在"时间线"面板中单击"记录活动对象"按钮 ▇，在 0F 的位置记录关键帧。

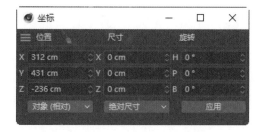

图 7-9   图 7-10

（5）将时间滑块放置在 20F 的位置。在"坐标"面板的"位置"选项组中，设置"X"为 312cm，"Y"为 406.7cm，"Z"为 -236cm，如图 7-11 所示，单击"应用"按钮。在"时间线"面板中单击"记录活动对象"按钮 ▇，在 20F 的位置记录关键帧。

（6）将时间滑块放置在 50F 的位置。在"坐标"面板的"位置"选项组中，设置"X"为 312cm，"Y"为 285cm，"Z"为 -236cm，如图 7-12 所示，单击"应用"按钮。在"时间线"面板中单击"记录活动对象"按钮 ▇，在 50F 的位置记录关键帧。

图 7-11

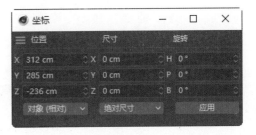

图 7-12

（7）将时间滑块放置在 70F 的位置。在"坐标"面板的"位置"选项组中，设置"X"为 312cm，"Y"为 386cm，"Z"为 -236cm，如图 7-13 所示，单击"应用"按钮。在"时间线"面板中单击"记录活动对象"按钮■，在 70F 的位置记录关键帧。

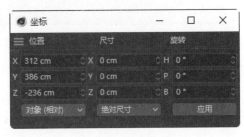

图 7-13

（8）选择"窗口 > 时间线窗口（函数曲线）"命令，弹出"时间线窗口（函数曲线）"对话框，按 Ctrl+A 组合键全选控制点，如图 7-14 所示。

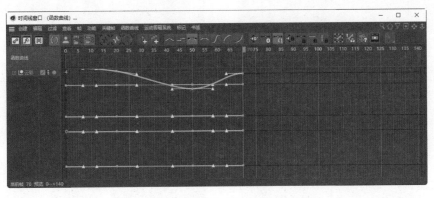

图 7-14

（9）单击"零长度（相切）"按钮■，效果如图 7-15 所示。单击"关闭"按钮，关闭对话框。

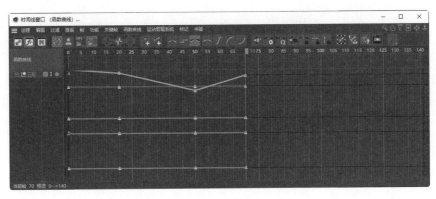

图 7-15

（10）选择"窗口 > 时间线窗口（摄影表）"命令，弹出"时间线窗口（摄影表）"对话框，按 Ctrl+A 组合键全选关键帧，如图 7-16 所示。选择"关键帧 > 循环选取"命令，弹出

"循环"对话框，设置"副本"为10，如图7-17所示。单击"确定"按钮，返回"时间线窗口（摄影表）"对话框。单击"关闭"按钮，关闭对话框。

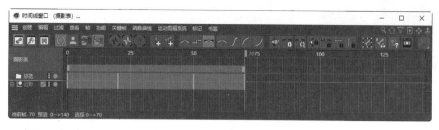

图 7-16   图 7-17

（11）单击"编辑渲染设置"按钮，弹出"渲染设置"对话框，设置"渲染器"为"物理"，"帧频"为25，"帧范围"为"全部帧"，如图7-18所示。在左侧列表中选择"保存"选项，切换到相应的面板，设置"格式"为"MP4"，如图7-19所示。

图 7-18   图 7-19

（12）单击"效果"按钮，在弹出的下拉菜单中选择"环境吸收"命令，左侧列表中会添加"环境吸收"选项，如图7-20所示。单击"效果"按钮，在弹出的下拉菜单中选择"全局光照"命令，左侧列表中会添加"全局光照"选项，设置"预设"为"内部-高（小光源）"，如图7-21所示。单击"关闭"按钮，关闭对话框。

（13）单击"渲染到图像查看器"按钮，弹出"图像查看器"对话框，如图7-22所示。渲染完成后，单击对话框中的"将图像另存为"按钮，弹出"保存"对话框，如图7-23所示。单击"确定"按钮，弹出"保存对话"对话框，在对话框中选择要保存文件的位置，并在"文件名"文本框中输入名称，设置完成后，单击"保存"按钮，保存图像。云彩飘移动画制作完成。

图 7-20

图 7-21

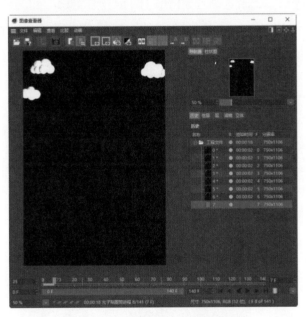

图 7-22

图 7-23

任务 7.2　制作汽水瓶的运动模糊效果

任务 7.2 微课

7.2.1　任务引入

本任务要求读者通过制作食品餐饮活动页汽水瓶的运动模糊效果，熟悉摄像机工具的使用方法，掌握摄像机动画的制作方法。

7.2.2　任务知识：摄像机类型与属性

① 摄像机类型

（1）摄像机

"摄像机"工具 是常用的摄像机工具之一。在 Cinema 4D 中，只需要在场景中调整到合适的视角，单击工具栏中的"摄像机"按钮，即可完成摄像机的创建。在场景中创建摄像机后，"属性"面板中会显示该摄像机对象的参数设置，如图 7-24 所示。

图 7-24

（2）目标摄像机

"目标摄像机"工具 同样是常用的摄像机工具之一，目标摄像机与摄像机的创建方法相同。与摄像机对象相比，目标摄像机对象工具的"属性"面板中增加了"目标"选项卡，如图 7-25 所示。其主要功能为连接目标对象，即移动目标对象，摄像机也会移动。

在 Cinema 4D 中，选中目标对象，在"属性"面板中选择"对象"选项卡，勾选"使用目标对象"复选框，如图 7-26 所示，即可将目标对象与目标摄像机连接。

图 7-25

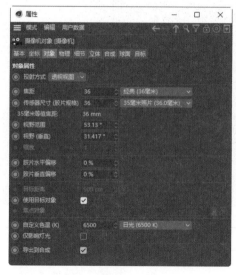

图 7-26

（3）立体摄像机

"立体摄像机"工具 通常用来制作立体效果，其"属性"面板如图 7-27 所示。

（4）运动摄像机

"运动摄像机"工具 通常用来模拟手持摄像机，能够表现出镜头晃动的效果，且十分逼真，其"属性"面板如图 7-28 所示。

图 7-27

图 7-28

（5）摇臂摄像机

"摇臂摄像机"工具 ‍‍‍‍通常用来模拟现实生活中的摇臂式摄像机，使用时，可以在场景的上方进行垂直和水平方向上的设置，其"属性"面板如图 7-29 所示。

2 摄像机属性

（1）基本

在场景中创建摄像机后，在"属性"面板中选择"基本"选项卡，如图 7-30 所示。该选项卡主要用于更改摄像机名称，设置摄像机在编辑器和渲染器中是否可见，以及修改摄像机显示颜色等。

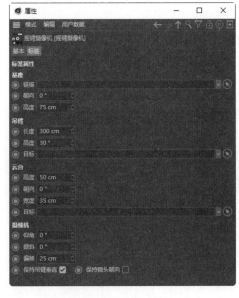

图 7-29

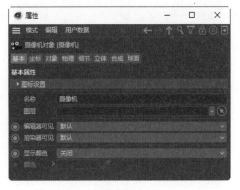

图 7-30

（2）坐标

在场景中创建摄像机后，在"属性"面板中选择"坐标"选项卡，如图 7-31 所示。该选项卡主要用于设置P、S和R在X、Y和Z轴上的参数。

（3）对象

在场景中创建摄像机后，在"属性"面板中选择"对象"选项卡，如图7-32所示。该选项卡主要用于设置摄像机的投射方式、焦距、传感器尺寸（胶片规格）以及视野范围等参数。

图 7-31

图 7-32

（4）物理

在场景中创建摄像机后，在"属性"面板中选择"物理"选项卡，如图7-33所示。该选项卡主要用于设置摄像机的光圈、曝光、快门速度以及快门效率等参数。

（5）细节

在场景中创建摄像机后，在"属性"面板中选择"细节"选项卡，如图7-34所示。该选项卡主要用于设置摄像机的近端剪辑、显示视锥以及景深映射等参数。

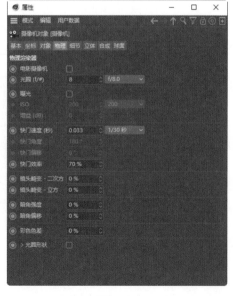

图 7-33

图 7-34

7.2.3　任务实施

（1）启动 Cinema 4D。单击"编辑渲染设置"按钮，弹出"渲染设置"对话框。在"输出"选项组中设置"宽度"为 750 像素，"高度"为 1106 像素，"帧频"为 25，如图 7-35 所示，单击"关闭"按钮，关闭对话框。在"属性"面板的"工程设置"选项卡中设置"帧率"为 25，如图 7-36 所示。

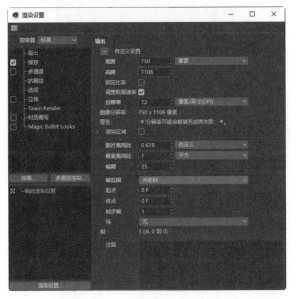

图 7-35

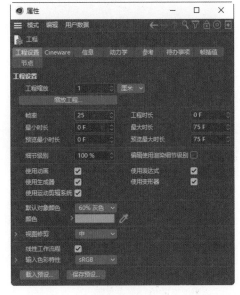

图 7-36

（2）选择"文件 > 合并项目"命令，在弹出的"打开文件"对话框中，选择云盘中的"Ch07 > 制作汽水瓶的运动模糊效果 > 素材 > 01.c4d"文件，单击"打开"按钮，打开文件，"对象"面板如图 7-37 所示。

图 7-37

（3）选择"摄像机"工具，"对象"面板中会生成一个"摄像机"对象，如图 7-38 所示。单击"摄像机"对象右侧的按钮，如图 7-39 所示，进入摄像机视图。

图 7-38

图 7-39

（4）在"属性"面板的"对象"选项卡中，设置"焦距"为"电视（135 毫米）"，如图 7-40 所示。在"坐标"面板的"位置"选项组中，设置"X"为 14cm，"Y"为 89cm，"Z"为 2778cm；在"旋转"选项组中，设置"H"为 -180.3°，"P"为 -2.2°，"B"为 0°，如图 7-41 所示。

图 7-40

图 7-41

（5）在"对象"面板中将"摄像机"对象拖曳到"灯光"对象组的下方，如图 7-42 所示。在"摄像机"对象上单击鼠标右键，在弹出的菜单中选择"装配标签 > 保护"命令，结果如图 7-43 所示。

图 7-42

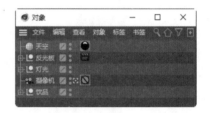

图 7-43

（6）在"时间线"面板中将"场景结束帧"设置为 140F，按 Enter 键确定操作，如图 7-44 所示。

图 7-44

（7）在"对象"面板中选中"饮品"对象组，如图 7-45 所示。在"坐标"面板的"位置"选项组中，设置"X"为 -206.3cm，"Y"为 -27.7cm，"Z"为 111.7cm，如图 7-46 所示，单击"应用"按钮。在"时间线"面板中单击"记录活动对象"按钮，在 0F 的位置记录关键帧。

图 7-45

图 7-46

（8）将时间滑块放置在 25F 的位置。在"坐标"面板的"位置"选项组中，设置"X"

为 -206.3cm，"Y"为 -67.7cm，"Z"为 111.7cm，如图 7-47 所示，单击"应用"按钮。在"时间线"面板中单击"记录活动对象"按钮，在 25F 的位置记录关键帧。

（9）将时间滑块放置在 30F 的位置。在"坐标"面板的"位置"选项组中，设置"X"为 -206.3cm，"Y"为 -72.7cm，"Z"为 111.7cm，如图 7-48 所示，单击"应用"按钮。在"时间线"面板中单击"记录活动对象"按钮，在 30F 的位置记录关键帧。

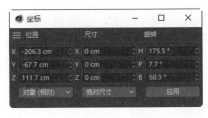

图 7-47

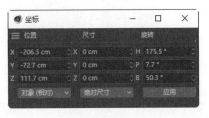

图 7-48

（10）将时间滑块放置在 60F 的位置。在"坐标"面板的"位置"选项组中，设置"X"为 -206.3cm，"Y"为 -12.7cm，"Z"为 111.7cm，如图 7-49 所示，单击"应用"按钮。在"时间线"面板中单击"记录活动对象"按钮，在 60F 的位置记录关键帧。

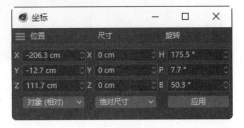

图 7-49

（11）选择"窗口 > 时间线窗口（函数曲线）"命令，弹出"时间线窗口（函数曲线）"对话框，按 Ctrl+A 组合键全选控制点，如图 7-50 所示。

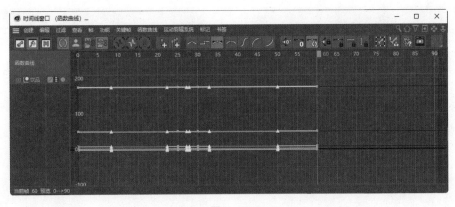

图 7-50

（12）单击"零长度（相切）"按钮，效果如图 7-51 所示。单击"关闭"按钮，关闭对话框。

（13）选择"窗口 > 时间线窗口（摄影表）"命令，弹出"时间线窗口（摄影表）"对话框，按 Ctrl+A 组合键全选关键帧，如图 7-52 所示。选择"关键帧 > 循环选取"命令，弹出"循环"对话框，设置"副本"为 10，如图 7-53 所示。单击"确定"按钮，返回"时间线窗口（摄影表）"对话框。单击"关闭"按钮，关闭对话框。

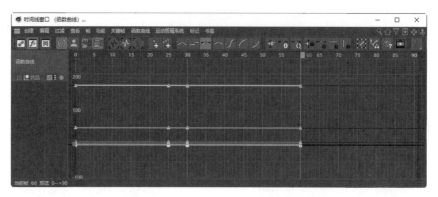

图 7-51

图 7-52

图 7-53

（14）单击"编辑渲染设置"按钮 ，弹出"渲染设置"对话框，设置"渲染器"为"物理"，"帧频"为25，"帧范围"为"全部帧"，如图7-54所示。在左侧列表中选择"物理"选项，切换到相应的面板，勾选"运动模糊"复选框，如图7-55所示。

图 7-54

图 7-55

（15）在左侧列表中选择"保存"选项，切换到相应的面板，设置"格式"为"MP4"，如图7-56所示。单击"效果"按钮，在弹出的下拉菜单中选择"环境吸收"命令，左侧列表中会添加"环境吸收"选项，如图7-57所示。

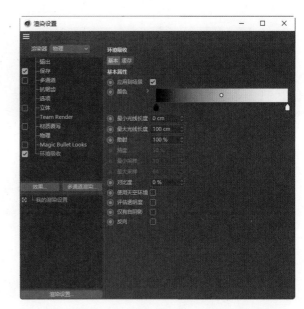

图 7-56　　　　　　　　　　　　　　　图 7-57

（16）单击"效果"按钮，在弹出的下拉菜单中选择"全局光照"命令，左侧列表中会添加"全局光照"选项，设置"预设"为"内部 - 高（小光源）"，如图 7-58 所示。单击"关闭"按钮，关闭对话框。

图 7-58

（17）单击"渲染到图像查看器"按钮，弹出"图像查看器"对话框，如图 7-59 所示。渲染完成后，单击对话框中的"将图像另存为"按钮，弹出"保存"对话框，如图 7-60 所示。单击"确定"按钮，弹出"保存对话"对话框，在对话框中选择要保存文件的位置，并在"文件名"文本框中输入名称，设置完成后，单击"保存"按钮，保存图像。汽水瓶的运动模糊效果制作完成。

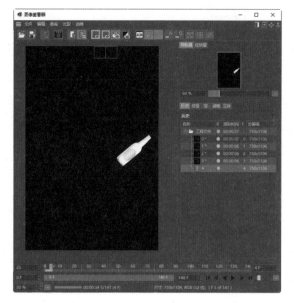

图 7-59

图 7-60

任务 7.3　项目演练——制作卡通角色的闭眼动画

任务 7.3 微课

7.3.1　任务引入

本任务要求读者通过制作食品餐饮活动页卡通角色的闭眼动画，熟悉时间轴工具的使用方法，掌握关键帧动画的制作方法。

7.3.2　任务实施

使用"时间线"面板设置动画时长，使用"样条画笔"工具、"柔性差值"命令、"样条布尔"命令和"挤压"命令制作闭眼动画效果，使用"坐标"面板调整对象位置，使用"记录活动对象"按钮记录关键帧，使用"时间线窗口（函数曲线）"命令和"时间线窗口（摄影表）"命令制作动画效果，使用"编辑渲染设置"按钮和"渲染到图像查看器"按钮渲染动画效果。最终效果参看云盘中的"Ch07/制作卡通角色的闭眼动画 / 工程文件 .c4d"，如图 7-61 所示。

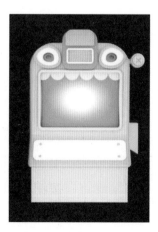

图 7-61

项目8

掌握商业设计——综合设计实训

08

本项目将结合多个不同应用领域的商业案例进行实际操作。通过本项目的学习，读者可以进一步理解商业案例的设计理念，掌握Cinema 4D的操作要点，设计制作出符合商业要求的作品。

学习引导

知识目标
- 理解商业案例的项目背景及要求
- 掌握商业案例的制作要点

能力目标
- 掌握 Cinema 4D 常用功能的使用方法
- 掌握 Cinema 4D 在不同设计领域的应用技巧

实训项目
- 制作美妆电商主图
- 制作家电电商 Banner
- 制作电子产品海报
- 制作家居宣传海报
- 制作客厅装修效果图

素养目标
- 提高商业宣传敏感度
- 提高对项目的全局控制能力

任务 8.1   制作美妆电商主图

任务 8.1 微课 1   任务 8.1 微课 2   任务 8.1 微课 3   任务 8.1 微课 4

8.1.1 任务引入

美加宝美妆有限公司主要经营多种护肤美妆产品，现需要为即将开展的促销活动设计一款主图，要求以重点宣传产品为展示主体，表现出活动热闹、喜庆的氛围。

8.1.2 设计理念

在设计时，选择纯色背景色，以突出错落有致的展示台上的各种产品，点明宣传主题；以金色系的气球和红色的礼物盒作为装饰元素，使画面更加活泼，烘托了活动氛围；以简洁的文字对活动优惠进行说明，吸引更多的顾客。最终效果参看"云盘 /Ch08/ 任务 8.1 制作美妆电商主图 / 工程文件 .c4d"，如图 8-1 所示。

图 8-1

8.1.3 任务实施

1 合并模型

（1）启动 Cinema 4D。单击"编辑渲染设置"按钮 ，弹出"渲染设置"对话框。在"输出"选项组中设置"宽度"为 800 像素，"高度"为 800 像素，单击"关闭"按钮，关闭对话框。

（2）选择"文件 > 合并项目"命令，在弹出的"打开文件"对话框中，选择云盘中的"Ch08 > 制作美妆电商主图 > 素材 > 01.c4d"文件，单击"打开"按钮，将选中的文件导入。使用相同的方法分别导入"02 ～ 05"文件。视图窗口中的效果如图 8-2 所示。

（3）选择"空白"工具 ，"对象"面板中会生成一个"空白"对象，将其重命名为"美妆电商主图"。框选需要的对象组，将选中的对象组拖到"美妆电商主图"对象的下方，如图 8-3 所示。折叠"美妆电商主图"对象组。

（4）选择"摄像机"工具 ，"对象"面板中会生成一个"摄像机"对象。单击"摄像机"对象右侧的 按钮，进入摄像机视图。在"坐标"面板的"位置"选项组中，设置"X"为 1cm，"Y"为 223cm，"Z"为 -780cm；在"旋转"选项组中，设置"H"为 0°，"P"为 0°，"B"为 0°。视图窗口中的效果如图 8-4 所示。

图 8-2

图 8-3

图 8-4

② 设置灯光

（1）选择"区域光"工具 ，"对象"面板中会生成一个"灯光"对象，将其重命名为"主光源"。在"属性"面板的"常规"选项卡中，设置"强度"为 50%，"投影"为"阴影贴图（软阴影）"。选中"主光源"对象，在"坐标"面板的"位置"选项组中，设置"X"为 155cm，"Y"为 1580cm，"Z"为 -2055cm；在"旋转"选项组中，设置"P"为 -30°。

（2）选择"区域光"工具 ，"对象"面板中会生成一个"灯光"对象，将其重命名为"辅光源 1"。在"属性"面板的"常规"选项卡中，设置"强度"为 70%。选中"辅光源 1"对象，在"坐标"面板的"位置"选项组中，设置"X"为 0cm，"Y"为 0cm，"Z"为 -3940cm。

（3）选择"区域光"工具 ，"对象"面板中会生成一个"灯光"对象，将其重命名为"辅光源 2"。在"属性"面板的"常规"选项卡中，设置"强度"为 70%。选中"辅光源 2"对象，在"坐标"面板的"位置"选项组中，设置"X"为 2680cm，"Y"为 0cm，"Z"为 -780cm；在"旋转"选项组中，设置"H"为 90°。

（4）选择"空白"工具 ，"对象"面板中会生成一个"空白"对象，将其重命名为"灯光"。框选需要的对象，如图 8-5 所示。将选中的对象拖到"灯光"对象的下方，如图 8-6 所示。折叠"灯光"对象组。

图 8-5

图 8-6

❸ 设置材质

（1）在"材质"面板中双击，添加一个材质球。在添加的材质上双击，弹出"材质编辑器"对话框。在"名称"文本框中输入"背景"，在左侧列表中选择"颜色"选项，切换到相应的面板，设置"H"为5°，"S"为56%，"V"为92%。在左侧列表中取消勾选"反射"复选框，如图 8-7 所示，单击"关闭"按钮，关闭对话框。

（2）在"对象"面板中展开"美妆电商主图 > 场景"对象组，将"材质"面板中的"背景"材质拖曳到"对象"面板中的"地面背景"对象组上。

（3）在"材质"面板中双击，添加一个材质球。在添加的材质上双击，弹出"材质编辑器"对话框。在"名称"文本框中输入"底座1"，在左侧列表中选择"颜色"选项，切换到相应的面板，设置"H"为355°，"S"为44%，"V"为88%。在左侧列表中选择"反射"选项，切换到相应的面板，设置"类型"为"GGX"，"粗糙度"为62%，"高光强度"为13%，其他选项的设置如图 8-8 所示，单击"关闭"按钮，关闭对话框。

图 8-7

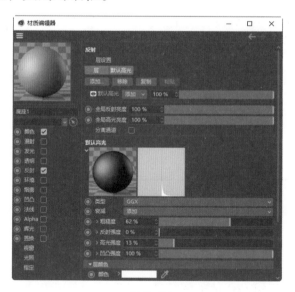

图 8-8

（4）在"对象"面板中展开"美妆电商主图 > 场景 > 底座"对象组，将"材质"面板中的"底座1"材质拖曳到"对象"面板中的"圆柱体""圆柱体.2""圆柱体.3"对象上。

（5）在"材质"面板中双击，添加一个材质球。在添加的材质上双击，弹出"材质编辑器"对话框。在"名称"文本框中输入"底座2"，在左侧列表中选择"颜色"选项，切换到相应的面板，设置"H"为7°，"S"为59%，"V"为80%，其他选项的设置如图 8-9 所示，单击"关闭"按钮，关闭对话框。

（6）将"材质"面板中的"底座2"材质拖曳到"对象"面板中的"圆柱体.1""圆柱体.4""圆柱体.5""圆柱体.6"对象上。

（7）在"材质"面板中双击，添加一个材质球。在添加的材质上双击，弹出"材质编辑器"对话框。在"名称"文本框中输入"装饰球"，在左侧列表中选择"颜色"选项，切换到相应的面板，设置"纹理"为"渐变"，单击"渐变预览框"按钮，切换到相应的面板，如图8-10所示。双击"渐变"色条下方左侧的"色标.1"按钮，弹出"渐变色标设置"对话框，设置"H"为44°，"S"为56%，"V"为97%，单击"确定"按钮，返回"材质编辑器"对话框。双击"渐变"色条下方右侧的"色标.2"按钮，弹出"渐变色标设置"对话框，设置"H"为343°，"S"为28%，"V"为95%，单击"确定"按钮，返回"材质编辑器"对话框。

图 8-9

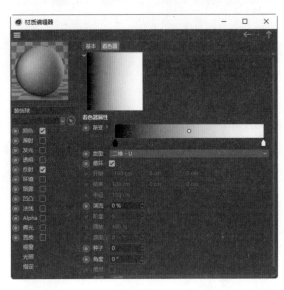

图 8-10

（8）在左侧列表中选择"反射"选项，切换到相应的面板，设置"类型"为"GGX"，"粗糙度"为50%，"高光强度"为12%，其他选项的设置如图8-11所示，单击"关闭"按钮，关闭对话框。将"材质"面板中的"装饰球"材质拖曳到"对象"面板中的"装饰球"对象组上。折叠"底座"对象组和"场景"对象组。

（9）展开"礼物盒>左礼物盒"对象组和"礼物盒>右礼物盒"对象组。在"材质"面板中双击，添加一个材质球。在添加的材质上双击，弹出"材质编辑器"对话框。在"名称"文本框中输入"盒子"，在左侧列表中选择"颜色"选项，切换到相应的面板，设置"H"为10°，"S"为80%，"V"为85%，其他选项的设置如图8-12所示，单击"关闭"按钮，关闭对话框。

（10）将"材质"面板中的"盒子"材质拖曳到"对象"面板中的"右礼物盒"对象组中的"立方体"和"立方体.1"对象上。用相同的方法为"左礼物盒"对象组中的"立方体"对象和"立方体.1"对象添加相同的材质。

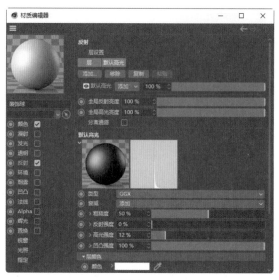
图 8-11

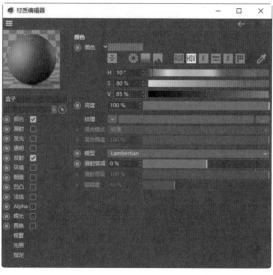
图 8-12

（11）在"材质"面板中双击，添加一个材质球。在添加的材质上双击，弹出"材质编辑器"对话框。在"名称"文本框中输入"带子"，在左侧列表中选择"颜色"选项，切换到相应的面板，设置"H"为33°，"S"为51%，"V"为97%，其他选项的设置如图 8-13 所示，单击"关闭"按钮，关闭对话框。

（12）将"材质"面板中的"带子"材质拖曳到"对象"面板中的"右礼物盒"对象组中的"带子1"对象上。使用相同的方法为其他对象添加"带子"材质。折叠"左礼物盒"对象组、"右礼物盒"对象组和"礼物盒"对象组。

（13）在"材质"面板中双击，添加一个材质球。在添加的材质上双击，弹出"材质编辑器"对话框。在"名称"文本框中输入"气球1"，在左侧列表中选择"颜色"选项，切换到相应的面板，设置"H"为27°，"S"为36%，"V"为96%。在左侧列表中选择"反射"选项，切换到相应的面板，设置"类型"为"GGX"，"粗糙度"为50%，"高光强度"为10%，其他选项的设置如图 8-14 所示。

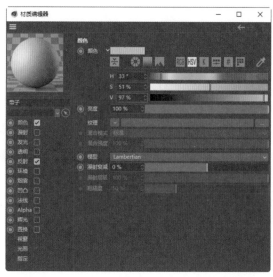
图 8-13

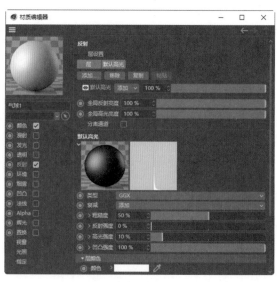
图 8-14

（14）在对话框中单击"层"按钮，切换为层设置，单击"添加"按钮，在弹出的下拉菜单中选择"Phong"命令，添加一个层。单击"层1"按钮，设置"粗糙度"为10%，"反射强度"为56%，"高光强度"为9%，如图8-15所示。单击"层"按钮，设置"层1"为12%，如图8-16所示，单击"关闭"按钮，关闭对话框。

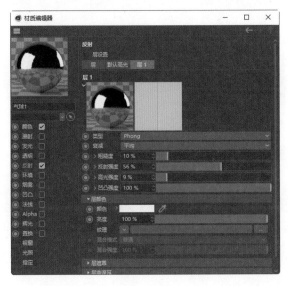

图8-15

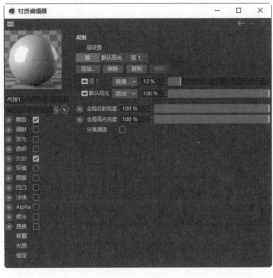

图8-16

（15）在"对象"面板中展开"气球"对象组，将"材质"面板中的"气球1"材质拖曳到"对象"面板的"气球"对象组中的"气球2"对象上。用相同的方法为其他对象添加"气球1"材质。

（16）在"材质"面板中双击，添加一个材质球。在添加的材质上双击，弹出"材质编辑器"对话框。在"名称"文本框中输入"气球2"，在左侧列表中选择"颜色"选项，切换到相应的面板，设置"H"为50°，"S"为47%，"V"为67%。在左侧列表中选择"反射"选项，切换到相应的面板，设置"类型"为"GGX"，"粗糙度"为50%，"高光强度"为20%，其他选项的设置如图8-17所示，单击"关闭"按钮，关闭对话框。

（17）将"材质"面板中的"气球2"材质拖曳到"对象"面板中的"气球"对象组中的"气球"对象上。用相同的方法为其他对象添加"气球1"材质，折叠"气球"对象组。

（18）在"材质"面板中双击，添加一个材质球。在添加的材质上双击，弹出"材质编辑器"对话框。在"名称"文本框中输入"内饰"，在左侧列表中选择"颜色"选项，切换到相应的面板，设置"H"为210°，"S"为98%，"V"为80%。在左侧列表中选择"发光"选项，切换到相应的面板，勾选"发光"复选框，设置"亮度"为20%，如图8-18所示，单击"关闭"按钮，关闭对话框。

（19）在"对象"面板中展开"面霜＞组合"对象组。将"材质"面板中的"内饰"材质拖曳到"对象"面板中的"组合"对象组中的"内饰"对象上。

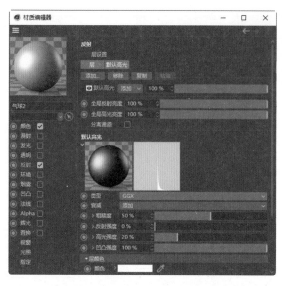

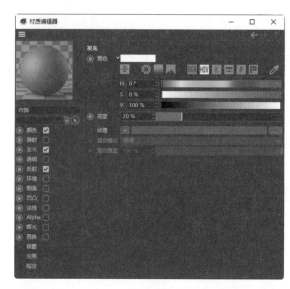

图 8-17　　　　　　　　　　　　　　　　　　图 8-18

（20）在"材质"面板中双击，添加一个材质球。在添加的材质上双击，弹出"材质编辑器"对话框。在"名称"文本框中输入"瓶身"，在左侧列表中选"颜色"选项，切换到相应的面板，设置"纹理"为"菲涅耳（Fresnel）"，单击"渐变预览框"按钮，切换到相应的面板，如图 8-19 所示。

（21）双击"渐变"色条下方左侧的"色标 .1"按钮，弹出"渐变色标设置"对话框，设置"H"为 182°，"S"为 48%，"V"为 97%，单击"确定"按钮，返回"材质编辑器"对话框。双击"渐变"色条下方右侧的"色标 .2"按钮，弹出"渐变色标设置"对话框，设置"H"为 208°，"S"为 77%，"V"为 76%，单击"确定"按钮，返回"材质编辑器"对话框。在对话框中拖曳渐变的中点到适当的位置，如图 8-20 所示。

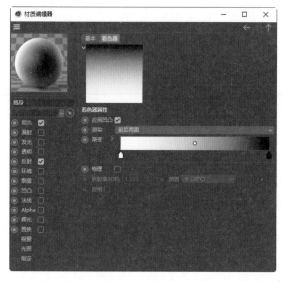

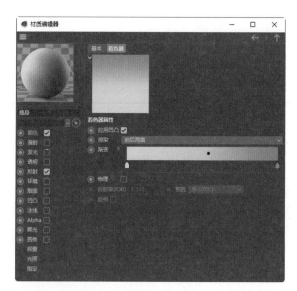

图 8-19　　　　　　　　　　　　　　　　　　图 8-20

（22）在左侧列表中选择"发光"选项，切换到相应的面板，勾选"发光"复选框，设置"亮度"为 29%。在左侧列表中选择"透明"选项，切换到相应的面板，勾选"透明"复选框，设置"亮度"为68%，单击"关闭"按钮，关闭对话框。将"材质"面板中的"瓶身"材质拖曳到"对象"面板中的"组合"对象组中的"瓶身"对象上。

（23）在"材质"面板中双击，添加一个材质球。在添加的材质上双击，弹出"材质编辑器"对话框。在"名称"文本框中输入"瓶身2"，在左侧列表中选择"颜色"选项，切换到相应的面板，设置"纹理"为"菲涅耳（Fresnel）"，单击"渐变预览框"按钮，切换到相应的对话框，如图8-21所示。

（24）双击"渐变"色条下方左侧的"色标.1"按钮，弹出"渐变色标设置"对话框，设置"H"为199°，"S"为65%，"V"为99%，单击"确定"按钮，返回"材质编辑器"对话框。双击"渐变"色条下方右侧的"色标.2"按钮，弹出"渐变色标设置"对话框，设置"H"为198°，"S"为100%，"V"为94%，单击"确定"按钮，返回"材质编辑器"对话框。在对话框中拖曳渐变的中点到适当的位置，如图8-22所示。

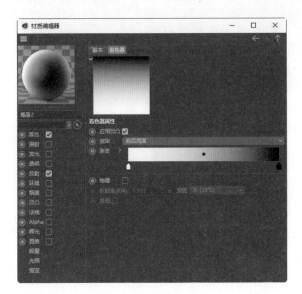

图8-21

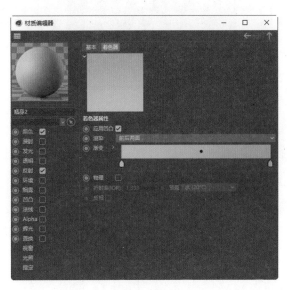

图8-22

（25）在左侧列表中选择"反射"选项，切换到相应的面板，设置"类型"为"GGX"，"粗糙度"为53%，"反射强度"为8%，"高光强度"为12%，单击"关闭"按钮，关闭对话框。将"材质"面板中的"瓶身2"材质拖曳到"对象"面板中的"组合"对象组中的"瓶身"对象上。

（26）选中"瓶身"对象右侧的"瓶身2"材质标签，如图8-23所示。将"瓶身"对象右侧的"多边形选集 标签[多边形选集]"图标拖曳至"属性"面板中的"选集"文本框中，如图8-24所示。

（27）在"材质"面板中双击，添加一个材质球。在添加的材质上双击，弹出"材质编辑器"对话框。在"名称"文本框中输入"螺旋"，在左侧列表中选择"颜色"选项，切换到相应的面板，

图8-23

设置"H"为200°，"S"为63%，"V"为100%。在左侧列表中选择"反射"选项，切换到相应的面板，设置"类型"为"GGX"，"粗糙度"为58%，"反射强度"为11%，"高光强度"为16%，其他选项的设置如图8-25所示，单击"关闭"按钮，关闭对话框。将"材质"面板中的"螺旋"材质拖曳到"对象"面板中的"组合"对象组中的"螺旋"对象组上。

图 8-24

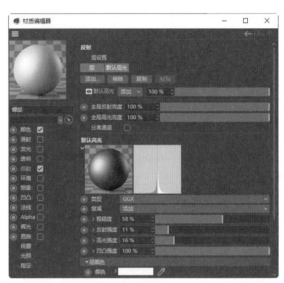

图 8-25

（28）在"材质"面板中双击，添加一个材质球。在添加的材质上双击，弹出"材质编辑器"对话框。在"名称"文本框中输入"霜"，在左侧列表中选择"颜色"选项，切换到相应的面板，设置"H"为171°，"S"为6%，"V"为95%。在左侧列表中选择"发光"选项，切换到相应的面板，勾选"发光"复选框，设置"亮度"为24%，如图8-26所示。

（29）在左侧列表中选择"反射"选项，切换到相应的面板，设置"类型"为"GGX"，"粗糙度"为59%。在对话框中单击"层"按钮，切换为层设置，单击"添加"按钮，在弹出的下拉菜单中选择"Phong"命令，添加一个层，如图8-27所示。

图 8-26

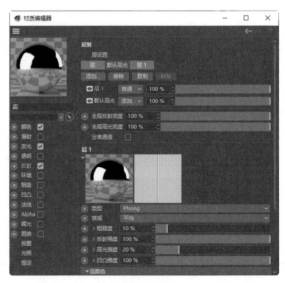

图 8-27

（30）单击"层1"按钮，设置"粗糙度"为16%，"反射强度"为67%，"高光强度"为20%，如图8-28所示。单击"层"按钮，设置"层1"为10%，如图8-29所示，单击"关闭"按钮，关闭对话框。将"材质"面板中的"霜"材质拖曳到"对象"面板中的"组合"对象组中的"地形"对象上。折叠所有对象组。

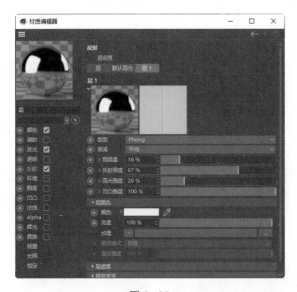

图8-28

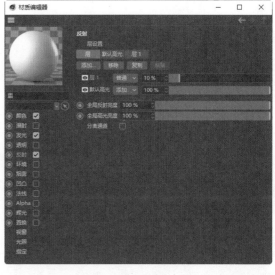

图8-29

4 进行渲染

（1）选择"物理天空"工具，"对象"面板中会生成一个"物理天空"对象。在"属性"面板的"太阳"选项卡中，设置"强度"为50%，"类型"为"无"，如图8-30所示。视图窗口中的效果如图8-31所示。（注："物理天空"对象会根据不同的地理位置和时间，使环境显示出不同的效果，可根据实际需要在"时间与区域"选项卡中进行调整。如果没有对"物理天空"对象进行特别设置，则会自动根据制作时的时间和地理位置设置环境。）

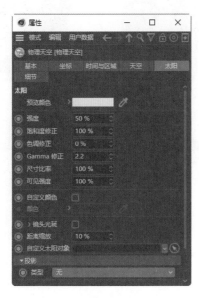

图8-30

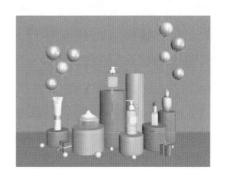

图8-31

（2）单击"编辑渲染设置"按钮，弹出"渲染设置"对话框，设置"渲染器"为"物理"，在左侧列表中选择"保存"选项，切换到相应的面板，设置"格式"为"PNG"。单击"效果"按钮，在弹出的下拉菜单中选择"全局光照"命令，左侧列表中会添加"全局光照"选项。单击"效果"按钮，在弹出的下拉菜单中选择"环境吸收"命令，左侧列表中会添加"环境吸收"选项。单击"效果"按钮，在弹出的下拉菜单中选择"降噪器"命令，左侧列表中会添加"降噪器"选项。

（3）在左侧列表中选择"全局光照"选项，切换到相应的面板，设置"主算法"为"准蒙特卡罗（QMC）"，"次级算法"为"准蒙特卡罗（QMC）"。在左侧列表中选择"环境吸收"选项，切换到相应的面板，设置"最大光线长度"为50cm，勾选"评估透明度"复选框，单击"关闭"按钮，关闭对话框。

（4）单击"渲染到图像查看器"按钮，弹出"图像查看器"对话框，如图 8-32 所示。渲染完成后，单击对话框中的"将图像另存为"按钮，弹出"保存"对话框，如图 8-33 所示。

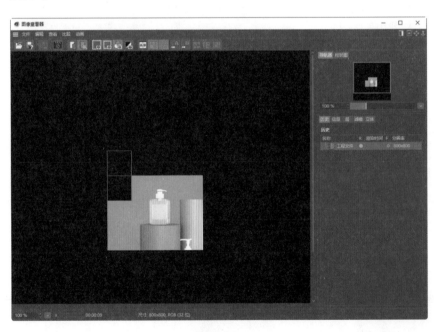

图 8-32

图 8-33

（5）单击"保存"对话框中的"确定"按钮，弹出"保存对话"对话框，在对话框中选择要保存文件的位置，并在"文件名"文本框中输入名称，设置完成后，单击"保存"按钮，保存图像。

（6）在 Photoshop 中，根据需要添加文字与图标相结合的宣传信息，丰富整体画面，效果如图 8-34 所示。美妆电商主图制作完成。

图 8-34

任务 8.2 制作家电电商 Banner

任务 8.2 微课 1 　任务 8.2 微课 2 　任务 8.2 微课 3 　任务 8.2 微课 4

任务 8.2 微课 5 　任务 8.2 微课 6 　任务 8.2 微课 7

8.2.1 任务引入

奥海森是一家主营中小家电销售的电商，商家近期推出新款电吹风，需要为其制作一个全新的网店首页 Banner，要求风格简约，突出新产品的功能升级。

8.2.2 设计理念

在设计时，选择绿色的背景色，和产品色调一致，风格清新；在前景中使用展台的方式展示产品，重点突出；以小树和云朵作为点缀元素，贴合自然、健康的产品特色；用白色的文字说明宣传主题，和画面风格统一。最终效果参看"云盘 /Ch08/ 任务 8.2 制作家电电商 Banner/ 工程文件 .c4d"，如图 8-35 所示。

图 8-35

8.2.3 任务实施

1 建模

（1）启动 Cinema 4D。单击"编辑渲染设置"按钮 ，弹出"渲染设置"对话框，进行设置，如图 8-36 所示，单击"关闭"按钮，关闭对话框。

（2）选择"圆柱体"工具█，"对象"面板中会生成一个"圆柱体"对象，将其重命名为"吹风机"。在"属性"面板中进行设置，在"坐标"面板中进行设置。视图窗口中的效果如图 8-37 所示。将"吹风机"对象转为可编辑对象。

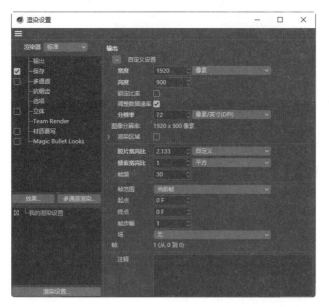

图 8-36

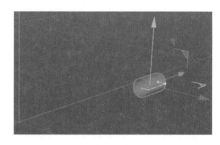

图 8-37

（3）切换为边模式。选择"选择 > 循环选择"命令，在视图窗口中选择需要的边，如图 8-38 所示。在视图窗口中单击鼠标右键，在弹出的菜单中选择"消除"命令，消除选中的边。在视图窗口中单击鼠标右键，在弹出的菜单中选择"循环 / 路径切割"命令。在视图窗口中选择要切割的边，如图 8-39 所示，在"属性"面板中进行设置。使用相同的方法再次切割需要的边，制作出图 8-40 所示的效果。

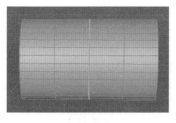
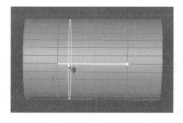
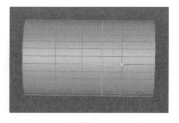

图 8-38　　　　　　　　　　图 8-39　　　　　　　　　　图 8-40

（4）选择"圆柱体"工具█，"对象"面板中会生成一个"圆柱体"对象。在"属性"面板中进行设置，在"坐标"面板中进行设置。视图窗口中的效果如图 8-41 所示。

（5）选择"布尔"工具█，"对象"面板中会生成一个"布尔"对象。将"吹风机"对象和"圆柱体"对象拖到"布尔"对象的下方。用鼠标中键在"布尔"对象组上单击，将该对象组中的对象全部选中，并在该对象组上单击鼠标右键，在弹出的菜单中选择"连接对象 + 删除"命令，将该对象组中的对象连接，如图 8-42 所示。

（6）切换为多边形模式。选择"实时选择"工具 ，在视图窗口中选中需要的面。选择"选择 > 循环选择"命令，按住 Shift 键的同时选择需要的面，如图 8-43 所示。按 Delete 键将选中的面删除。

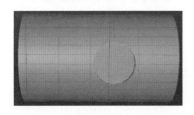

图 8-41　　　　　　　　　　　图 8-42　　　　　　　　　　　图 8-43

（7）切换为边模式。选择"移动"工具 ⊕，按住 Shift 键的同时，在视图窗口中选中需要的边，如图 8-44 所示。在视图窗口中单击鼠标右键，在弹出的菜单中选择"消除"命令，将选中的边消除。

（8）在视图窗口中单击鼠标右键，在弹出的菜单中选择"线性切割"命令，在视图窗口中进行切割，效果如图 8-45 所示。在"对象"面板中将"布尔"对象重命名为"吹风机"。选择"选择 > 循环选择"命令，在视图窗口中选中需要的边，如图 8-46 所示。选择"移动"工具 ⊕，按住 Ctrl 键的同时拖曳 y 轴，在"坐标"面板中进行设置。视图窗口中的效果如图 8-47 所示。

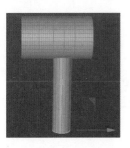

图 8-44　　　　　　　　图 8-45　　　　　　　　图 8-46　　　　　　　　图 8-47

（9）选择"选择 > 循环选择"命令，在视图窗口中选中需要的边，如图 8-48 所示。在视图窗口中单击鼠标右键，在弹出的菜单中选择"倒角"命令，在"属性"面板中进行设置。选择"选择 > 循环选择"命令，在视图窗口中选中需要的边，如图 8-49 所示。在视图窗口中单击鼠标右键，在弹出的菜单中选择"挤压"命令，在"属性"面板中进行设置。使用相同的方法，为其他需要的边添加倒角效果，效果如图 8-50 所示。

（10）切换为多边形模式。选择"选择 > 循环选择"命令，在视图窗口中选中需要的面。在视图窗口中单击鼠标右键，在弹出的菜单中选择"内部挤压"命令，在"属性"面板中进行设置。在视图窗口中单击鼠标右键，在弹出的菜单中选择"挤压"命令，在"属性"面板中进行设置，效果如图 8-51 所示。

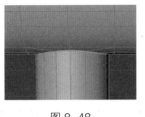

图 8-48　　　　　　　　　图 8-49　　　　　　　　　图 8-50　　　　　　　　　图 8-51

（11）切换为边模式。选择"选择 > 循环选择"命令，在视图窗口中选中需要的边，如图 8-52 所示。在"坐标"面板中进行设置。在视图窗口中单击鼠标右键，在弹出的菜单中选择"挤压"命令，在"属性"面板中进行设置，效果如图 8-53 所示。选择"选择 > 循环选择"命令，按住 Shift 键的同时，在视图窗口中选中需要的边，如图 8-54 所示。在视图窗口中单击鼠标右键，在弹出的菜单中选择"倒角"命令，在"属性"面板中进行设置，效果如图 8-55所示。

图 8-52　　　　　　　　　图 8-53　　　　　　　　　图 8-54　　　　　　　　　图 8-55

（12）在视图窗口中单击鼠标右键，在弹出的菜单中选择"循环 / 路径切割"命令。在视图窗口中选择要切割的边，如图 8-56 所示。在"属性"面板中进行设置，在"坐标"面板中进行设置，效果如图 8-57 所示。使用上述的方法，再次切割 6 次边。切换为点模式。按住 Shift 键的同时，在视图窗口中框选需要的点，如图 8-58 所示。在视图窗口中单击鼠标右键，在弹出的菜单中选择"倒角"命令，在"属性"面板中进行设置，效果如图 8-59所示。

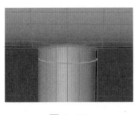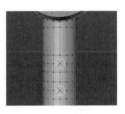

图 8-56　　　　　　　　　图 8-57　　　　　　　　　图 8-58　　　　　　　　　图 8-59

（13）在视图窗口中单击鼠标右键，在弹出的菜单中选择"线性切割"命令，在视图窗口中切割对象。切换为多边形模式。选择"实时选择"工具◉，按住 Shift 键的同时，框选需要的面，如图 8-60 所示。在视图窗口中单击鼠标右键，在弹出的菜单中选择"内部挤压"命令，在"属性"面板中进行设置，效果如图 8-61 所示。

（14）选择"实时选择"工具◉，在视图窗口中选中需要的面。在视图窗口中单击鼠标右键，在弹出的菜单中选择"挤压"命令，在"属性"面板中进行设置，效果如图 8-62 所示。

使用相同的方法挤压其他需要的面，制作出图 8-63 所示的效果。

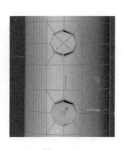

图 8-60　　　　　　　图 8-61　　　　　　　图 8-62　　　　　　　图 8-63

（15）切换为边模式。选择"选择 > 循环选择"命令，按住 Shift 键的同时，在视图窗口中选中需要的边。在视图窗口中单击鼠标右键，在弹出的菜单中选择"倒角"命令，在"属性"面板中进行设置，效果如图 8-64 所示。选择"选择 > 循环选择"命令，在视图窗口中选中需要的边。在"坐标"面板中进行设置，效果如图 8-65 所示。

（16）在视图窗口中单击鼠标右键，在弹出的菜单中选择"挤压"命令，在"属性"面板中进行设置，效果如图 8-66 所示。选择"选择 > 循环选择"命令，按住 Shift 键的同时，在视图窗口中选中需要的边。在视图窗口中单击鼠标右键，在弹出的菜单中选择"倒角"命令，在"属性"面板中进行设置，效果如图 8-67 所示。

（17）在"对象"面板中选中"吹风机"对象。切换为模型模式。选择"网格 > 轴心 > 轴居中到对象"命令，调整轴的对齐方式。在"坐标"面板中进行设置。

图 8-64　　　　　　　图 8-65　　　　　　　图 8-66　　　　　　　图 8-67

（18）选择"管道"工具，"对象"面板中会生成一个"管道"对象。在"属性"面板中进行设置，在"坐标"面板中进行设置。视图窗口中的效果如图 8-68 所示。使用相同的方法再次新建 7 个管道对象，并分别进行设置。视图窗口中的效果如图 8-69 所示。

（19）选择"空白"工具，"对象"面板中会生成一个"空白"对象，将其重命名为"网格"。在"对象"面板中框选需要的对象。将选中的对象拖到"网格"对象的下方，如图 8-70 所示。折叠"网格"对象组。

（20）选择"立方体"工具，"对象"面板中会生成一个"立方体"对象。在"属性"面板中进行设置，在"坐标"面板中进行设置。使用相同的方法再次新建一个立方体对象，并进行设置。视图窗口中的效果如图 8-71 所示。

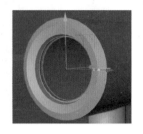

图 8-68　　　　　　　　　图 8-69　　　　　　　　　图 8-70

（21）选择"空白"工具，"对象"面板中会生成一个"空白"对象，将其重命名为"网横格"。将"立方体"对象和"立方体.1"对象拖到"网横格"对象的下方，如图 8-72 所示。折叠"网横格"对象组。

（22）选择"空白"工具，"对象"面板中会生成一个"空白"对象，将其重命名为"机身"。将所有对象和对象组拖到"机身"对象的下方，折叠"机身"对象组。在该对象组上单击鼠标右键，在弹出的菜单中选择"连接对象＋删除"命令，将该对象组中的对象连接，如图 8-73 所示。

图 8-71　　　　　　　　　图 8-72　　　　　　　　　图 8-73

（23）选择"网格＞轴心＞轴居中到对象"命令，调整轴的对齐方式。在"坐标"面板中进行设置，视图窗口中的效果如图 8-74 所示。按住 Alt 键的同时选择"细分曲面"工具，"对象"面板中会生成一个"细分曲面"对象。视图窗口中的效果如图 8-75 所示。折叠"细分曲面"对象组。

（24）按 F4 键切换到正视图。选择"样条画笔"工具，在视图窗口中绘制出图 8-76 所示的效果。选择"圆环"工具，"对象"面板中会生成一个"圆环"对象，在"属性"面板中进行设置。

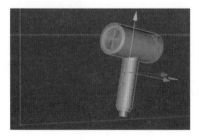
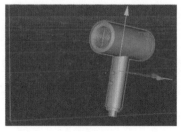
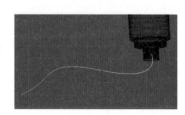

图 8-74　　　　　　　　　图 8-75　　　　　　　　　图 8-76

（25）选择"扫描"工具 ✐，"对象"面板中会生成一个"扫描"对象。将"圆环"对象和"样条"对象拖到"扫描"对象的下方，并将"扫描"对象组重命名为"电线"。视图窗口中的效果如图8-77所示。单击"模型"按钮 📦，切换为模型模式。在"坐标"面板中进行设置，视图窗口中的效果如图8-78所示。

（26）按F1键切换到透视视图。选择"空白"工具 📦，"对象"面板中会生成一个"空白"对象，将其重命名为"吹风机"。将"电线"对象组和"细分曲面"对象组拖到"吹风机"对象的下方，如图8-79所示。折叠"吹风机"对象组。吹风机模型制作完成，将其保存。

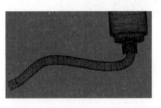

图 8-77   图 8-78   图 8-79

（27）选择"文件 > 打开项目"命令，在弹出的"打开文件"对话框中选择云盘中的"Ch08 > 制作家电电商 Banner > 素材 > 01"文件，单击"打开"按钮，将选中的文件导入。选择"文件 > 合并项目"命令，在弹出的"打开文件"对话框中，选择保存的吹风机模型文件，单击"打开"按钮，打开文件，如图8-80所示。

（28）选择"空白"工具 📦，"对象"面板中会生成一个"空白"对象，将其重命名为"家电电商 Banner"。将"吹风机"对象组和"场景"对象组拖到"家电电商 Banner"对象的下方。折叠"家电电商 Banner"对象组。

（29）选择"摄像机"工具 📷，"对象"面板中会生成一个"摄像机"对象。单击"摄像机"对象右侧的 按钮，进入摄像机视图。选中"摄像机"对象，在"坐标"面板中进行设置。视图窗口中的效果如图8-81所示。

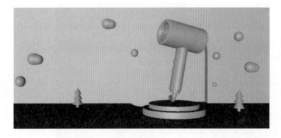

图 8-80   图 8-81

❷ 设置灯光

（1）选择"区域光"工具 ▢，"对象"面板中会生成一个"灯光"对象，将"灯光"对象重命名为"主光源"。在"属性"面板中设置参数，视图窗口中的效果如图8-82所示。使用相同的方法，再次创建一个灯光对象并设置参数。

（2）选择"空白"工具 ，"对象"面板中会生成一个"空白"对象，将其重命名为"灯光"。框选需要的对象，将选中的对象拖到"灯光"对象的下方，如图 8-83 所示。折叠"灯光"对象组。

图 8-82

图 8-83

❸ 设置材质

（1）在"材质"面板中双击，添加一个材质球。在添加的材质上双击，弹出"材质编辑器"对话框。在"名称"文本框中输入"背景地面"，在左侧列表中选择"颜色"选项，切换到相应的面板，设置"H"为 121°，"S"为 17%，"V"为 79%，其他选项的设置如图 8-84 所示。取消勾选"反射"复选框，单击"关闭"按钮，关闭对话框。

（2）在"对象"面板中展开"家电电商 Banner > 场景"对象组，将"材质"面板中的"背景地面"材质拖曳到"对象"面板中的"墙洞"对象组和"地面"对象上。

（3）在"材质"面板中双击，添加一个材质球。在添加的材质上双击，弹出"材质编辑器"对话框。在"名称"文本框中输入"小球"，在左侧列表中取消勾选"颜色"复选框和"反射"复选框，选择"透明"选项，切换到相应的面板，勾选"透明"复选框，设置"折射率"为 1.45，如图 8-85 所示，单击"关闭"按钮，关闭对话框。将"材质"面板中的"小球"材质拖曳到"对象"面板中的"小球"对象组上。折叠"场景"对象组。

图 8-84

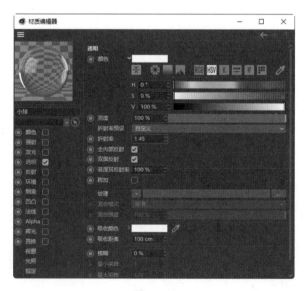

图 8-85

（4）在"对象"面板中禁用"细分曲面"并退出摄像机视图，如图 8-86 所示。切换为多边形模式，选中"机身"对象，选择"移动"工具 ➕，按住 Shift 键的同时，在视图窗口中选中需要的面，如图 8-87 所示。

（5）选择"选择 > 设置选集"命令，将选中的面设置为选集。在"材质"面板中双击，添加一个材质球。在添加的材质上双击，弹出"材质编辑器"对话框。在"名称"文本框中输入"吹风机网格"，在左侧列表中选择"颜色"选项，切换到相应的面板，设置"H"为233°，"S"为 9%，"V"为 30%。在左侧列表中选择"反射"选项，切换到相应的面板，设置"类型"为"GGX"，"粗糙度"为 63%，"反射强度"为 5%，单击"关闭"按钮，关闭对话框。

（6）将"材质"面板中的"吹风机网格"材质拖曳到"对象"面板中的"机身"对象上。选中"机身"对象右侧的"吹风机网格"材质标签，如图 8-88 所示。

图 8-86

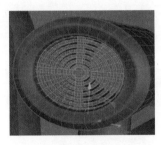
图 8-87

图 8-88

（7）将"机身"对象右侧的"多边形选集 标签 [多边形选集]"图标拖曳至"属性"面板中的"选集"文本框中，如图 8-89 所示。使用相同的方法分别创建其他材质球，如图 8-90 所示，为模型添加相应的材质。

图 8-89

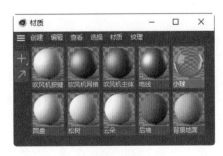
图 8-90

（8）在"对象"面板中启用"细分曲面"并进入摄像机视图，如图 8-91 所示。视图窗口中的效果如图 8-92 所示。折叠"细分曲面"对象组、"吹风机"对象组和"家电电商Banner"对象组。

图 8-91　　　　　　　　　　　　　　　图 8-92

④ 进行渲染

（1）选择"物理天空"工具，"对象"面板中会生成一个"物理天空"对象。在"属性"面板的"天空"选项卡中，设置"强度"为20%，其他选项的设置如图8-93所示。在"太阳"选项卡中，勾选"自定义颜色"复选框，展开"颜色"选项组，设置"H"为66°，"S"为10%，"V"为98%；展开"投影"选项组，设置"类型"为"无"，如图8-94所示。视图窗口中的效果如图8-95所示。

图 8-93　　　　　　　　　图 8-94　　　　　　　　图 8-95

（2）单击"编辑渲染设置"按钮，弹出"渲染设置"对话框，设置"渲染器"为"物理"，在左侧列表中选择"保存"选项，切换到相应的面板，设置"格式"为"PNG"，单击"效果"按钮，在弹出的下拉菜单中分别选择"全局光照"和"环境吸收"命令，左侧列表中会添加"全局光照"和"环境吸收"选项。在左侧列表中选择"全局光照"选项，切换到相应的面板，设置"预设"为"内部 - 高（小光源）"，单击"关闭"按钮，关闭对话框。

（3）单击"渲染到图像查看器"按钮，弹出"图像查看器"对话框，如图8-96所示。渲染完成后，单击对话框中的"将图像另存为"按钮，弹出"保存"对话框，如图8-97所示。

（4）单击"保存"对话框中的"确定"按钮，弹出"保存对话"对话框，在对话框中选择要保存文件的位置，并在"文件名"文本框中输入名称，设置完成后，单击"保存"按钮，保存图像。

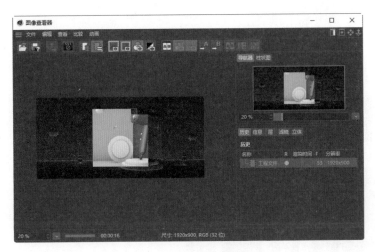

图 8-96

图 8-97

（5）在 Photoshop 中，根据需要添加文字与图标相结合的宣传信息，丰富整体画面，效果如图 8-98 所示。家电电商 Banner 制作完成。

图 8-98

任务 8.3 制作电子产品海报

任务 8.3 微课 1

任务 8.3 微课 2

任务 8.3 微课 3

任务 8.3 微课 4

任务 8.3 微课 5

任务 8.3 微课 6

8.3.1 任务引入

摩卡是一家以销售智能耳机为主的电商，公司近期推出新款无线蓝牙耳机，需要制作一个宣传海报，要求海报风格现代，能凸显产品特色。

8.3.2 设计理念

在设计时，选择梦幻的蓝紫色背景，和产品的颜色协调一致；将耳机盒与耳机一同展示，突出产品的品质与服务；以音律线作为文字底纹，增添了画面的时尚与动感。最终效果参看"云盘 /Ch08/ 任务 8.3 制作电子产品海报 / 工程文件 .c4d"，如图 8-99 所示。

图 8-99

8.3.3 任务实施

1 建模

（1）启动 Cinema 4D。单击"编辑渲染设置"按钮 ，弹出"渲染设置"对话框。在"输出"选项组中设置"宽度"为 1242 像素，"高度"为 2208 像素，单击"关闭"按钮，关闭对话框。

（2）选择"平面"工具 ，"对象"面板中会生成一个"平面"对象，将其重命名为"地面"，在"属性"面板中进行设置。选择"立方体"工具 ，"对象"面板中会生成一个"立方体"对象，将其重命名为"地面板子"，在"属性"面板中进行设置。

（3）选择"立方体"工具 ，"对象"面板中会生成一个"立方体"对象，将其重命名为"地面装饰"，在"属性"面板中进行设置，视图窗口中的效果如图 8-100 所示。

（4）选择"对称"工具 ，"对象"面板中会生成一个"对称"对象。将"地面装饰"对象拖到"对称"对象的下方，视图窗口中的效果如图 8-101 所示，折叠"对称"对象组。

（5）选择"立方体"工具 ，"对象"面板中会生成一个"立方体"对象，在"属性"面板中进行设置。在"对象"面板中复制出 7 个立方体对象，并分别在"属性"面板中调整其尺寸，视图窗口中的效果如图 8-102 所示。

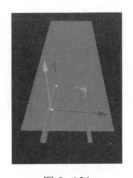

图 8-100   图 8-101   图 8-102

（6）选择"克隆"工具 ，"对象"面板中会生成一个"克隆"对象。选中所有立方体对象，并拖到"克隆"对象的下方，折叠"克隆"对象组并将其重命名为"克隆地面"。在"属性"面板中进行设置，视图窗口中的效果如图 8-103 所示。

（7）在"对象"面板中选中"克隆地面"对象组，选择"运动图形 > 效果器 > 随机"命令，"对象"面板中会生成一个"随机"对象，将其重命名为"随机地面"，如图 8-104 所示，在"属性"面板中进行设置。

（8）选择"空白"工具 ，"对象"面板中会生成一个"空白"对象，将其重命名为"地面"。框选所有对象和对象组并将它们拖到"地面"对象的下方，折叠"地面"对象组。

（9）选择"立方体"工具 ，"对象"面板中会生成一个"立方体"对象，将其重命名为"右隔板"，在"属性"面板中进行设置。选择"克隆"工具 ，"对象"面板中会生成一个"克隆"对象。选中"右隔板"对象，将其拖到"克隆"对象的下方，选中"克隆"对象组并将其重命名为"右隔板克隆"，在"属性"面板中进行设置。视图窗口中的效果如图 8-105 所示。

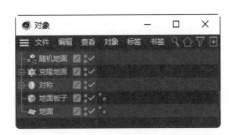

图 8-103   图 8-104   图 8-105

（10）在"对象"面板中选中"右隔板克隆"对象组，选择"运动图形 > 效果器 > 步幅"命令，"对象"面板中会生成一个"步幅"对象，将其重命名为"步幅隔板"。选中"右隔板克隆"对象组，按住 Ctrl 键的同时向上拖曳，复制出一个"右隔板克隆 .1"对象组，选中其中的"右隔板"对象，按 Delete 键将其删除，并将"右隔板克隆 .1"对象重命名为"右边灯克隆"。

（11）选择"多边形"工具 ，"对象"面板中会生成一个"多边形"对象，将其重命名为"右边灯"，如图 8-106 所示，在"属性"面板中进行设置。在"对象"面板中，将"右边灯"对象拖到"右边灯克隆"对象的下方。选中"右边灯克隆"对象组，在"属性"面板的"对象"选项卡中取消勾选"重设坐标"复选框。

（12）选中"右隔板克隆"对象组，按住Ctrl键的同时向上拖曳，复制出一个"右隔板克隆.1"对象组，并将其重命名为"左隔板克隆"，将其中的"右隔板"对象重命名为"左隔板"，如图8-107所示。选中"左隔板克隆"对象组，在"属性"面板中进行设置，视图窗口中的效果如图8-108所示。

图8-106

图8-107

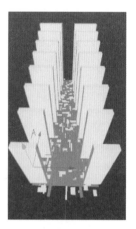

图8-108

（13）选中"右边灯克隆"对象组，按住Ctrl键的同时向上拖曳，复制出一个"右边灯克隆.1"对象组，并将其重命名为"左边灯克隆"，将其中的"右边灯"对象重命名为"左边灯"。选中"左边灯"对象，在"属性"面板中进行设置。选中"左边灯克隆"对象组，在"属性"面板中进行设置，视图窗口中的效果如图8-109所示。

（14）选择"空白"工具，"对象"面板中会生成一个"空白"对象，将其重命名为"隔墙"。框选需要的对象和对象组并将它们拖到"隔墙"对象的下方，如图8-110所示。折叠"隔墙"对象组。选择"空白"工具，"对象"面板中会生成一个"空白"对象，将其重命名为"场景"。框选所有对象组并将它们拖到"场景"对象的下方，如图8-111所示。折叠"场景"对象组。场景模型制作完成，将其保存。

图8-109

图8-110

图8-111

（15）使用步骤（1）的方法，新建一个相同大小的文件。选择"多边形"工具▲，"对象"面板中会生成一个"多边形"对象，将其重命名为"节奏线1"，在"属性"面板中进行设置。在"对象"面板中复制出两个多边形对象，并分别在"属性"面板中调整尺寸。

（16）选择"克隆"工具🟡，"对象"面板中会生成一个"克隆"对象。框选需要的对象，将其拖到"克隆"对象的下方。选中"克隆"对象组并将其重命名为"克隆节奏"，如图 8-112 所示，在"属性"面板中进行设置。

（17）选择"对称"工具🔵，"对象"面板中会生成一个"对称"对象，将"克隆节奏"对象组拖到"对称"对象的下方。在"对象"面板中选中"克隆节奏"对象组，选择"运动图形 > 效果器 > 随机"命令，"对象"面板中会生成一个"随机"对象，将其重命名为"随机节奏"，在"属性"面板中进行设置。视图窗口中的效果如图 8-113 所示。

图 8-112

图 8-113

（18）选择"模拟 > 粒子 > 发射器"命令，"对象"面板中会生成一个"发射器"对象，在"属性"面板中进行设置。选择"模拟 > 力场 > 旋转"命令，"对象"面板中会生成一个"旋转"对象，在"属性"面板中进行设置。在"对象"面板中选中"发射器"对象，选择"运动图形 > 追踪对象"命令，"对象"面板中会生成一个"追踪对象"对象。

（19）在"时间线"面板中将"场景结束帧"设置为 300F，按 Enter 键确定操作，如图 8-114 所示。

图 8-114

（20）单击"向前播放"按钮▶，查看动画效果，播放到 143F 的位置时单击"向前播放"按钮⏸，暂停播放。用鼠标右键单击"对象"面板中的"追踪对象"对象，在弹出的菜单中选择"转为可编辑对象"命令，将其转为可编辑对象。选择"网格 > 轴心 > 轴居中到对象"命令，视图窗口中的效果如图 8-115 所示。

（21）在"属性"面板中进行设置。在"对象"面板中双击"发射器"对象右侧的🔲按钮，将其隐藏，如图 8-116 所示。视图窗口中的效果如图 8-117 所示。

（22）选择"圆环"工具◎，"对象"面板中会生成一个"圆环"对象，在"属性"面板中进行设置。选择"扫描"工具🖊，"对象"面板中会生成一个"扫描"对象，分别将"圆环"对象和"追踪对象"对象拖到"扫描"对象的下方。双击"扫描"对象右侧的🔲按钮，将其隐藏，如图 8-118 所示，折叠"扫描"对象组。

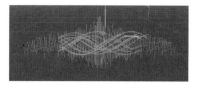

图 8-115　　　　　　　　　　　图 8-116　　　　　　　　　　　图 8-117

（23）选择"球体"工具 ，"对象"面板中会生成一个"球体"对象，将其重命名为"克隆球体"，在"属性"面板中进行设置。选择"克隆"工具 ，"对象"面板中会生成一个"克隆"对象，将其重命名为"克隆粒子"。选中"克隆球体"对象，将其拖到"克隆粒子"对象的下方，如图 8-119 所示，在"属性"面板中进行设置。

（24）选择"样条"工具 ，"对象"面板中会生成一个"样条"对象，在"属性"面板中进行设置。选择"空白"工具 ，"对象"面板中会生成一个"空白"对象，将其重命名为"节奏线"。框选所有对象和对象组并将它们拖到"节奏线"对象的下方，折叠"节奏线"对象组，如图 8-120 所示。节奏线模型制作完成，将其保存。

图 8-118　　　　　　　　　　　图 8-119　　　　　　　　　　　图 8-120

（25）选择"文件 > 打开项目"命令，在弹出的"打开文件"对话框中选择保存的场景模型文件，单击"打开"按钮，打开文件。使用"合并项目"命令，合并节奏线模型和云盘中的"Ch08 > 制作电子产品海报 > 素材 > 01、02"模型，视图窗口中的效果如图 8-121 所示。

（26）选择"空白"工具 ，"对象"面板中会生成一个"空白"对象，将其重命名为"电子产品海报"。框选所有对象组并将它们拖到"电子产品海报"对象的下方，如图 8-122 所示，折叠"电子产品海报"对象组。

（27）选择"摄像机"工具 ，"对象"面板中会生成一个"摄像机"对象，单击"摄像机"对象右侧的 按钮，进入摄像机视图，在"属性"面板中进行设置。视图窗口中的效果如图 8-123 所示。

图 8-121　　　　　　　　　　　图 8-122　　　　　　　　　　　图 8-123

② 设置灯光

（1）选择"区域光"工具█，"对象"面板中会生成一个"灯光"对象，将"灯光"对象重命名为"侧光1"，在"属性"面板中进行设置。使用相同的方法再次创建一个灯光对象并设置相关参数。

（2）选择"聚光灯"工具█，"对象"面板中会生成一个"灯光"对象，将"灯光"对象重命名为"照亮耳机1"，如图8-124所示，在"属性"面板中进行设置。在"对象"面板中展开"电子产品海报 > 场景 > 地面"对象组，选中"地面板子"对象，将其拖曳到"属性"面板的"工程"选项卡的"对象"选项中，如图8-125所示。

（3）选择"区域光"工具█，"对象"面板中会生成一个"灯光"对象，将"灯光"对象重命名为"照亮耳机2"，在"属性"面板中进行设置。在"工程"选项卡中设置"模式"为"包括"，在"对象"面板中选中"对称"对象，将其拖曳到"属性"面板的"对象"选项中，如图8-126所示。

图 8-124

图 8-125

图 8-126

（4）视图窗口中的效果如图8-127所示。选择"区域光"工具█，"对象"面板中会生成一个"灯光"对象，将"灯光"对象重命名为"顶光"，在"属性"面板中进行设置。在"对象"面板中分别选择"耳机盒"对象组、"地面"对象和"克隆地面"对象，将它们依次拖曳到"属性"面板的"工程"选项卡的"对象"选项中，如图8-128所示。

（5）选择"聚光灯"工具█，"对象"面板中会生成一个"灯光"对象，将"灯光"对象重命名为"背光"，在"属性"面板中进行设置。在"对象"面板中选择"地面"对象，将其拖曳到"属性"面板的"工程"选项卡的"对象"选项中，如图8-129所示。折叠"电子产品海报"对象组。

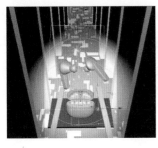

图 8-127

图 8-128

图 8-129

（6）在"对象"面板中用鼠标右键单击"背光"对象，在弹出的菜单中选择"动画标签 > 目标"命令，为对象添加动画标签，如图8-130所示。展开"耳机"对象组，将"左耳机"对象组拖曳到"属性"面板的"标签"选项卡中的"目标对象"选项中，如图8-131所示。折叠"电子产品海报"对象组。

（7）在"对象"面板中框选所有的灯光对象，按Alt+G组合键将选中的对象编组，并将对象组重命名为"灯光"，如图8-132所示。

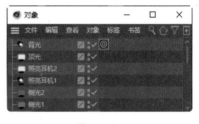
图8-130

图8-131

图8-132

3 设置材质

（1）在"材质"面板中双击，添加一个材质球，并将其重命名为"地面"，如图8-133所示。在"对象"面板中展开"电子产品海报 > 场景 > 地面"对象组，将"材质"面板中的"地面"材质拖曳到"对象"面板中的"地面"对象上，如图8-134所示。

图8-133

图8-134

（2）在"材质"面板中的"地面"材质上双击，弹出"材质编辑器"对话框。在左侧列表中选择"颜色"选项，切换到相应的面板，设置"纹理"为"渐变"，单击"渐变预览框"按钮，切换到相应的面板。

（3）双击"渐变"色条下方左侧的"色标.1"按钮，弹出"渐变色标设置"对话框，设置"H"为308°，"S"为56%，"V"为100%，如图8-135所示，单击"确定"按钮，返回"材质编辑器"对话框。双击"渐变"色条下方右侧的"色标.2"按钮，弹出"渐变色标设置"对话框，设置"H"为226°，"S"为47%，"V"为83%，"色标位置"为48.7%，如图8-136所示，单击"确定"按钮，返回"材质编辑器"对话框。在"渐变"色条下方单击，增加一个色标。双击"渐变"色条下方的"色标.3"按钮，弹出"渐变色标设置"对话框，设置"H"为192°，"S"为100%，"V"为100%，"色标位置"为97.7%，如图8-137所示，单击"确定"按钮，返回"材质编辑器"对话框。

图 8-135

图 8-136

图 8-137

（4）选择"反射"选项，切换到相应的面板，设置"宽度"为38%，"衰减"为-16%，"内部宽度"为0%，"高光强度"为100%，如图8-138所示。单击"层设置"下方的"添加"按钮，在弹出的下拉菜单中选择"Beckmann"命令，添加一个层。设置"粗糙度"为14%，"反射强度"为5%，"高光强度"为9%。展开"层颜色"选项组，设置"H"为229°，"S"为43%，"V"为84%，如图8-139所示。单击"关闭"按钮，关闭对话框。

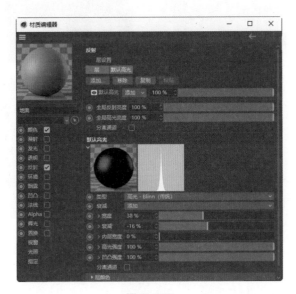

图 8-138

图 8-139

（5）在"对象"面板中选中"地面"对象右侧的材质标签，在"属性"面板中设置"投射"为"平直"，如图8-140所示。用鼠标右键单击"对象"面板中"地面"对象右侧的标签材质，在弹出的菜单中选择"适合对象"命令。按住Ctrl键的同时向上拖曳，复制材质标签到"克隆地面"对象组上，如图8-141所示。视图窗口中的效果如图8-142所示。

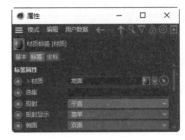
图 8-140

图 8-141

图 8-142

（6）在"材质"面板中双击，添加一个材质球，并将其重命名为"地面板子"，如图 8-143 所示。将"材质"面板中的"地面板子"材质拖曳到"对象"面板中的"地面板子"对象上，如图 8-144 所示。

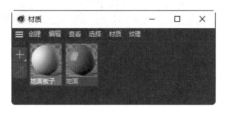

图 8-143

图 8-144

（7）在"材质"面板中的"地面板子"材质上双击，弹出"材质编辑器"对话框。在左侧列表中选择"颜色"选项，切换到相应的面板，设置"纹理"为"渐变"，单击"渐变预览框"按钮，切换到相应的面板，如图 8-145 所示。

（8）双击"渐变"色条下方左侧的"色标 .1"按钮，弹出"渐变色标设置"对话框，设置"H"为 293°，"S"为 44%，"V"为 100%，如图 8-146 所示，单击"确定"按钮，返回"材质编辑器"对话框。双击"渐变"色条下方右侧的"色标 .2"按钮，弹出"渐变色标设置"对话框，设置"H"为 222°，"S"

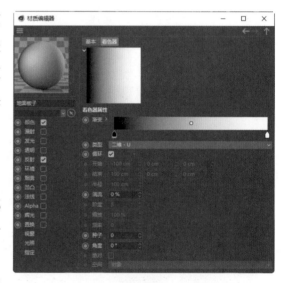

图 8-145

为 57%，"V"为 92%，如图 8-147 所示，单击"确定"按钮，返回"材质编辑器"对话框。

图 8-146

图 8-147

（9）选择"反射"选项，切换到相应的面板，设置"宽度"为 41%，"衰减"为 -13%，"内部宽度"为 0%，"高光强度"为 57%。展开"层颜色"选项组，设置"H"为 247°，"S"为 15%，"V"为 83%，如图 8-148 所示。单击"层设置"下方的"添加"按钮，在弹出的下拉菜单中选择"Beckmann"命令，添加一个层。设置"粗糙度"为 25%，"反射强度"为 57%，"高光强度"为 14%。展开"层颜色"选项组，设置"H"为 219°，"S"为 39%，"V"为 83%，如图 8-149 所示。单击"关闭"按钮，关闭对话框。

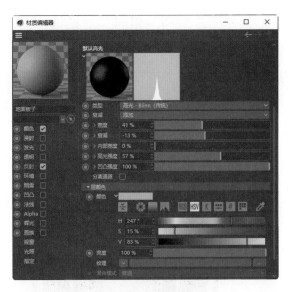

图 8-148

图 8-149

（10）在左侧列表中选择"凹凸"选项，切换到相应的面板，勾选"凹凸"复选框，单击"纹理"选项右侧的 ▇ 按钮，弹出"打开文件"对话框，选择"Ch08 > 制作电子产品海报 > tex > 01"文件，单击"打开"按钮，打开文件，结果如图 8-150 所示。单击"关闭"按钮，关闭对话框。

（11）使用相同的方法分别创建其他材质球，如图 8-151 所示，为模型添加相应的材质。

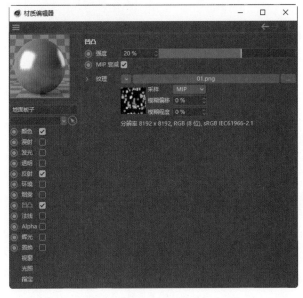

图 8-150

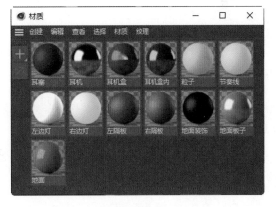

图 8-151

④ 进行渲染

（1）选择"天空"工具 🌐，"对象"面板中会生成一个"天空"对象。在"材质"面板中双击，添加一个材质球，并将其重命名为"天空"。将"材质"面板中的"天空"材质拖到"对象"面板中的"天空"对象上。

（2）在"材质"面板中的"天空"材质上双击，弹出"材质编辑器"对话框。在左侧列表中选择"颜色"选项，切换到相应的面板，单击"纹理"选项右侧的▇▇按钮，弹出"打开文件"对话框，选择"Ch08 > 制作电子产品海报 > tex > 06"文件，单击"打开"按钮，打开文件，结果如图8-152所示。单击"关闭"按钮，关闭对话框。

（3）在"对象"面板中选中"天空"对象。在"属性"面板的"坐标"选项卡中，设置"R.H"为44°，"R.P"为-158°，"R.B"为-209°。视图窗口中的效果如图8-153所示。

图 8-152

图 8-153

（4）单击"编辑渲染设置"按钮 ⚙，弹出"渲染设置"对话框，在左侧列表中选择"保存"选项，切换到相应的面板，设置"格式"为"PNG"。在左侧列表中选择"多通道"选项，切换到相应的面板，勾选"多通道"复选框。在右侧列表中单击鼠标右键，在弹出的菜单中选择"环境吸收"命令，左侧列表中会添加"环境吸收"选项。

（5）单击"效果"按钮，在弹出的下拉菜单中选择"环境吸收"命令，左侧列表中会添加"环境吸收"选项，取消勾选"应用到场景"复选框。单击"效果"按钮，在弹出的下拉菜单中选择"全局光照"命令，左侧列表中会添加"全局光照"选项。单击"关闭"按钮，关闭对话框。

（6）单击"渲染到图像查看器"按钮 ▶，弹出"图像查看器"对话框，如图8-154所示。渲染完成后，单击对话框中的"将图像另存为"按钮 ▣，弹出"保存"对话框，如图8-155所示。

（7）单击"保存"对话框中的"确定"按钮，弹出"保存对话"对话框，在对话框中选择要保存文件的位置，并在"文件名"文本框中输入名称，设置完成后，单击"保存"按钮，保存图像。

（8）在Photoshop中，根据需要添加文字与图标相结合的宣传信息，丰富整体画面，效果如图8-156所示。电子产品海报制作完成。

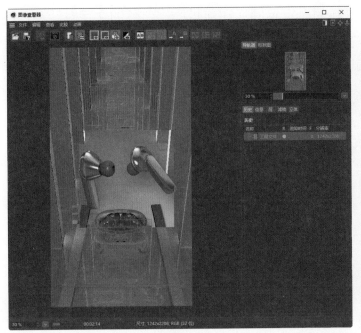
图 8-154

图 8-155

图 8-156

任务 8.4　制作家居宣传海报

任务 8.4 微课 1

任务 8.4 微课 2

任务 8.4 微课 3

任务 8.4 微课 4

任务 8.4 微课 5

任务 8.4 微课 6

任务 8.4 微课 7

任务 8.4 微课 8

8.4.1　任务引入

Easy Life 家居有限公司的主要销售产品有实木家具、整体橱柜和卫浴等，公司现需要为即将到来的中秋、国庆双节促销活动设计一款海报，要求海报风格轻松、活泼，能突出企业特色。

8.4.2　设计理念

在设计时，背景色选择木质色系，突出公司的主营业务；画面主体选择一只卡通小熊，小熊身后是简洁的居室，营造出闲适、自在的居家氛围；在前景中用白色的文字对活动信息进行说明，贯彻公司的简约理念。最终效果参看"云盘 /Ch08/ 任务 8.4 制作家居宣传海报 / 工程文件 .c4d"，如图 8-157 所示。

图 8-157

8.4.3　任务实施

1　场景建模

（1）启动 Cinema 4D。单击"编辑渲染设置"按钮，弹出"渲染设置"对话框，在"输出"选项组中设置"宽度"为 1242 像素，"高度"为 2208 像素，单击"关闭"按钮，关闭对话框。

（2）选择"平面"工具，"对象"面板中会生成一个"平面"对象，将其重命名为"房屋"，如图 8-158 所示。在"属性"面板的"对象"选项卡中，设置"宽度"为 7390cm，"高度"为 4300cm，"宽度分段"为 1，"高度分段"为 1；在"坐标"选项卡中，设置"P.X"为 0cm，"P.Y"为 -291cm，"P.Z"为 -328cm。用鼠标右键单击"对象"面板中的"房屋"对象，在弹出的菜单中选择"转为可编辑对象"命令，将其转为可编辑对象，如图 8-159 所示。

图 8-158

图 8-159

（3）单击"边"按钮，切换为边模式。在视图窗口中选中需要的边，按住 Ctrl 键的同时拖曳 y 轴到适当的位置，效果如图 8-160 所示。在"坐标"面板的"位置"选项组中，设置"X"为 0cm，"Y"为 2210cm，"Z"为 2150cm；在"尺寸"选项组中，设置"X"为 7390cm，"Y"为 0cm，"Z"为 0cm。视图窗口中的效果如图 8-161 所示。在视图窗口中单击鼠标右键，在弹出的菜单中选择"循环 / 路径切割"命令，在视图窗口中选择要切割的边。

在"属性"面板中设置"偏移"为60%，效果如图8-162所示。

图8-160

图8-161

图8-162

（4）选择"移动"工具 ，在切割的边上双击将其选中，在视图窗口中单击鼠标右键，在弹出的菜单中选择"倒角"命令，在"属性"面板中设置"偏移"为60cm，效果如图8-163所示。

（5）在视图窗口中单击鼠标右键，在弹出的菜单中选择"循环／路径切割"命令，在视图窗口中选择要切割的边，如图8-164所示。在"属性"面板中设置"偏移"为60%，效果如图8-165所示。

图8-163

图8-164

图8-165

（6）单击"多边形"按钮 ，切换为多边形模式。在视图窗口中选中新切的所有面，如图8-166所示。在视图窗口中单击鼠标右键，在弹出的菜单中选择"挤压"命令，在"属性"面板中设置"偏移"为20cm，效果如图8-167所示。在视图窗口中选中需要的面，如图8-168所示。

图8-166

图8-167

图8-168

（7）在视图窗口中单击鼠标右键，在弹出的菜单中选择"挤压"命令，在"属性"面板中设置"偏移"为20cm，效果如图8-169所示。单击"边"按钮 ，切换为边模式。在视图窗口中选中需要的边，如图8-170所示。在视图窗口中单击鼠标右键，在弹出的菜单中选择"倒角"命令，在"属性"面板中设置"偏移"为2cm，效果如图8-171所示。

图 8-169　　　　　　　　　　图 8-170　　　　　　　　　　图 8-171

（8）选择"立方体"工具▣，"对象"面板中会生成一个"立方体"对象，将其重命名为"桌子"。用鼠标右键单击"对象"面板中的"桌子"对象，在弹出的菜单中选择"转为可编辑对象"命令，将其转为可编辑对象，如图8-172所示。单击"模型"按钮▣，切换为模型模式。在"坐标"面板的"位置"选项组中，设置"X"为1272cm，"Y"为21cm，"Z"为1425cm；在"尺寸"选项组中，设置"X"为560cm，"Y"为553cm，"Z"为575cm。

（9）单击"多边形"按钮▣，切换为多边形模式。在视图窗口中单击鼠标右键，在弹出的菜单中选择"循环/路径切割"命令，在"属性"面板中勾选"镜像切割"复选框。在视图窗口中选择需要切割的面，在"属性"面板中设置"偏移"为90%，效果如图8-173所示。在视图窗口中选中需要切割的面，在"属性"面板中设置"偏移"为10%，视图窗口中的效果如图8-174所示。

 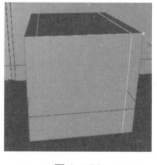 

图 8-172　　　　　　　　　　图 8-173　　　　　　　　　　图 8-174

（10）在视图窗口中选中需要的面，在视图窗口中单击鼠标右键，在弹出的菜单中选择"挤压"命令，在"属性"面板中设置"偏移"为50cm，效果如图8-175所示。选择"选择 > 环形选择"命令，在视图窗口中选择需要的面，在视图窗口中单击鼠标右键，在弹出的菜单中选择"挤压"命令，在"属性"面板中设置"偏移"为100cm，效果如图8-176所示。

（11）选择"移动"工具✛，按住 Shift 键的同时在视图窗口中选中需要的面，如图8-177所示。在视图窗口中单击鼠标右键，在弹出的菜单中选择"挤压"命令，在"属性"面板中设置"偏移"为35cm，效果如图8-178所示。

 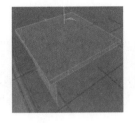  

图 8-175   图 8-176   图 8-177   图 8-178

（12）单击"边"按钮▦，切换为边模式。选择"选择 > 选择平滑着色断开"命令，在"属性"面板中单击"全选"按钮，将桌子对象的所有边选中。在视图窗口中单击鼠标右键，在弹出的菜单中选择"倒角"命令。在"属性"面板中，设置"斜角"为"均匀"，"偏移"为 5cm，效果如图 8-179 所示。

（13）选择"球体"工具▦，"对象"面板中会生成一个"球体"对象，将其重命名为"灯帽"。在"属性"面板的"对象"选项卡中，设置"半径"为 235cm，"分段"为 64；在"坐标"选项卡中，设置"P.X"为 215cm，"P.Y"为 852cm，"P.Z"为 1570cm。视图窗口中的效果如图 8-180 所示。

（14）用鼠标右键单击"对象"面板中的"灯帽"对象，在弹出的菜单中选择"转为可编辑对象"命令，将其转为可编辑对象。单击"多边形"按钮▦，切换为多边形模式。切换到正视图。选择"框选"工具▦，在视图窗口中选择需要的面，如图 8-181 所示。按 Delete 键将选中的面删除，效果如图 8-182 所示。

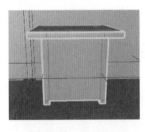 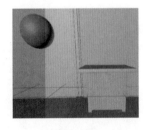 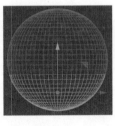 

图 8-179   图 8-180   图 8-181   图 8-182

（15）单击"模型"按钮▦，切换为模型模式。切换到透视视图。在"对象"面板中选中"灯帽"对象。在"坐标"面板的"位置"选项组中，设置"X"为 145cm，"Y"为 593cm，"Z"为 1447cm。视图窗口中的效果如图 8-183 所示。

（16）选择"平面"工具▦，"对象"面板中会生成一个"平面"对象，将其重命名为"灯绳"。在"属性"面板的"对象"选项卡中，设置"宽度"为 32cm，"高度"为 270cm，"宽度分段"为 2，"高度分段"为 2；在"坐标"选项卡中，设置"P.X"为 143cm，"P.Y"为 475cm，"P.Z"为 1446cm，"R.P"为 90°。

（17）用鼠标右键单击"对象"面板中的"灯绳"对象，在弹出的菜单中选择"转为可编辑对象"命令，将其转为可编辑对象。单击"点"按钮▦，切换为点模式。在视图窗口中框选需要的点，如图 8-184 所示。在"坐标"面板的"旋转"选项组中设置"B"为 30°，视图窗口中的效果如图 8-185 所示。

图 8-183

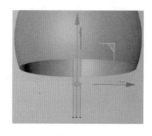

图 8-184

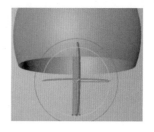

图 8-185

（18）在视图窗口中框选需要的点，如图 8-186 所示。在"坐标"面板的"旋转"选项组中设置"B"为 90°，视图窗口中的效果如图 8-187 所示。

（19）选择"文件 > 合并项目"命令，在弹出的"打开文件"对话框中，选择云盘中的"Ch08> 制作家居宣传海报 > 素材 > 01.c4d"文件，单击"打开"按钮，将选中的文件导入，"对象"面板如图 8-188 所示。

（20）在"对象"面板中选中"书本 1"对象，在"属性"面板的"坐标"选项卡中，设置"P.X"为 688cm，"P.Y"为 -259cm，"P.Z"为 1002cm。单击"模型"按钮，切换为模型模式。在"坐标"面板的"尺寸"选项组中，设置"X"为 230cm，"Y"为 249cm，"Z"为 40cm。选中"书本 2"对象，在"坐标"面板的"位置"选项组中，设置"X"为 51cm，"Y"为 -288cm，"Z"为 1218cm；在"尺寸"选项组中，设置"X"为 230cm，"Y"为 249cm，"Z"为 40cm。

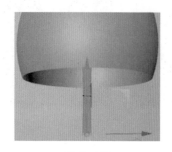

图 8-186

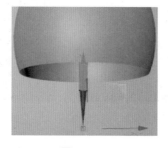

图 8-187

图 8-188

（21）选中"书本 3"对象，在"坐标"面板的"位置"选项组中，设置"X"为 -223cm，"Y"为 -288cm，"Z"为 -217cm；在"尺寸"选项组中，设置"X"为 230cm，"Y"为 249cm，"Z"为 40cm。选中"书本 4"对象，在"坐标"面板的"位置"选项组中，设置"X"为 1155cm，"Y"为 421cm，"Z"为 1704cm；在"尺寸"选项组中，设置"X"为 125cm，"Y"为 171.5cm，"Z"为 327cm。

（22）在"对象"面板中框选所有书本对象。按 Alt+G 组合键将选中的对象编组，并将对象组重命名为"书本"，如图 8-189 所示。

（23）在"对象"面板中框选所有对象和对象组。按 Alt+G 组合键将选中的对象和对象组编组，并将对象组重命名为"场景"，如图 8-190 所示。场景模型制作完成，将其保存。

图 8-189   图 8-190

2 小熊建模 - 衣服

（1）新建项目文件。单击"编辑渲染设置"按钮 ⚙，弹出"渲染设置"对话框，在"输出"选项组中设置"宽度"为 1242 像素，"高度"为 2208 像素，单击"关闭"按钮，关闭对话框。

（2）选择"球体"工具 ⬤，"对象"面板中会生成一个"球体"对象。在"属性"面板的"对象"选项卡中，设置"半径"为 155cm，"分段"为 16；在"坐标"选项卡中，设置"P.X"为 0cm，"P.Y"为 146cm，"P.Z"为 0cm。

（3）选择"油桶"工具 ⬛，"对象"面板中会生成一个"油桶"对象。在"属性"面板的"对象"选项卡中，设置"半径"为 143cm，"高度"为 342cm，"高度分段"为 2，"封顶分段"为 1；在"坐标"选项卡中，设置"P.X"为 0cm，"P.Y"为 -60cm，"P.Z"为 0cm。

（4）框选"对象"面板中的"油桶"对象和"球体"对象，单击鼠标右键，在弹出的菜单中选择"转为可编辑对象"命令，将选中的对象转为可编辑对象，如图 8-191 所示。

（5）单击"多边形"按钮 ⬢，切换为多边形模式。选择"选择 > 循环选择"命令，在视图窗口中选中对象的外边面，如图 8-192 所示。选择"选择 > 反选"命令，将其反选，如图 8-193 所示。按 Delete 键将选中的面删除。单击"点"按钮 ◔，切换为点模式。在视图窗口中选中需要的点，如图 8-194 所示。

图 8-191   图 8-192   图 8-193   图 8-194

（6）在视图窗口中单击鼠标右键，在弹出的菜单中选择"焊接"命令，将选中的点焊接，效果如图 8-195 所示。用相同的方法焊接其他点，效果如图 8-196 所示。选择"连接"工具 ⬤，"对象"面板中会生成一个"连接"对象。将"油桶"对象和"球体"对象拖到"连接"对象的下方。

（7）将"对象"面板中的对象全部选中。用鼠标右键单击"对象"面板中的"连接"对象组，在弹出的菜单中选择"连接对象＋删除"命令，将选中的对象连接，并将其重命名为"身体"。选择"细分曲面"工具 ，"对象"面板中会生成一个"细分曲面"对象。将"身体"对象拖到"细分曲面"对象的下方，并将"细分曲面"对象组重命名为"身体细分"，如图 8-197 所示。

图 8-195　　　　　　　图 8-196　　　　　　　图 8-197

（8）单击"多边形"按钮 ，切换为多边形模式。选中"身体"对象，选择"选择 > 循环选择"命令，在视图窗口中选中需要的面，如图 8-198 所示。在视图窗口中单击鼠标右键，在弹出的菜单中选择"分裂"命令，将选中的面分裂，如图 8-199 所示。"对象"面板中会自动生成一个"身体 .1"对象。

图 8-198　　　　　　　　　　　　　　　　　　图 8-199

（9）将"身体 .1"对象重命名为"衣服"。在视图窗口中单击鼠标右键，在弹出的菜单中选择"循环 / 路径切割"命令，在视图窗口中选中需要切割的面，如图 8-200 所示。单击视图窗口中的 按钮，平分切割对象。选择"移动"工具 ，按住 Shift 键的同时，在视图窗口中选中需要的面，如图 8-201、图 8-202 和图 8-203 所示。按 Delete 键将选中的面删除。

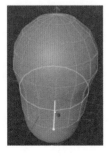

图 8-200　　　　　　图 8-201　　　　　　图 8-202　　　　　　图 8-203

（10）按 Ctrl+A 组合键将所有面选中。在视图窗口中单击鼠标右键，在弹出的菜单中选择"挤压"命令，在"属性"面板中设置"挤压"为 22cm，勾选"创建封顶"复选框。视图窗口中的效果如图 8-204 所示。单击"点"按钮▣，切换为点模式。选择"框选"工具▣，在视图窗口中选中需要的点，如图 8-205 所示。切换到顶视图。按住 Ctrl 键的同时，框选不需要的点，取消选中状态，如图 8-206 所示。在"对象"面板中将"衣服"对象拖出"身体细分"对象组。

（11）返回透视视图。在"坐标"面板的"位置"选项组中，设置"X"为 0cm，"Y"为 184.5cm，"Z"为 -152cm；在"尺寸"选项组中，设置"X"为 0cm，"Y"为 12cm，"Z"为 18.5cm。视图窗口中的效果如图 8-207 所示。

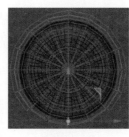
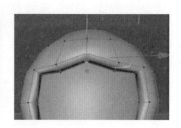

图 8-204　　　　　　图 8-205　　　　　　图 8-206　　　　　　图 8-207

（12）使用相同的方法，分别调整每个点的位置。切换到正视图。在视图窗口中框选需要的点，如图 8-208 所示。按 Delete 键将选中的点删除，效果如图 8-209 所示。选择"对称"工具▣，"对象"面板中会生成一个"对称"对象。将"衣服"对象拖到"对称"对象的下方，效果如图 8-210 所示。

（13）切换到透视视图。在视图窗口中框选需要的点。在"坐标"面板的"位置"选项组中，设置"X"为 -153cm，"Y"为 53.5 cm，"Z"为 0cm。视图窗口中的效果如图 8-211 所示。

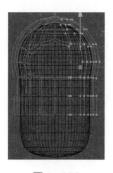

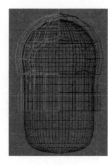

图 8-208　　　　　　图 8-209　　　　　　图 8-210　　　　　　图 8-211

（14）在视图窗口中框选需要的点，在"坐标"面板的"位置"选项组中，设置"X"为 -154cm，"Y"为 -39 cm，"Z"为 0cm。视图窗口中的效果如图 8-212 所示。选择"细分曲面"工具▣，"对象"面板中会生成一个"细分曲面"对象。将"对称"对象组拖到"细分曲面"对象的下方，并将"细分曲面"对象组重命名为"衣服"。

（15）用鼠标右键单击"对称"对象组，在弹出的菜单中选择"连接对象＋删除"命令，将选中的对象连接。在视图窗口中单击鼠标右键，在弹出的菜单中选择"循环/路径切割"命令，在视图窗口中选择要切割的边，如图 8-213 所示。在"属性"面板中设置"偏移"为 97%，效果如图 8-214 所示。

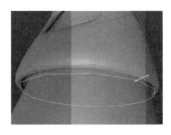
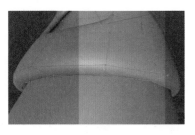

图 8-212　　　　　　　图 8-213　　　　　　　图 8-214

（16）单击"边"按钮，切换为边模式。选中"对象"面板中的"衣服"对象。选择"移动"工具，在视图窗口中选中需要的边，如图 8-215 所示。选择"缩放"工具，按住 Shift 键的同时拖曳鼠标，缩放边至 110%，效果如图 8-216 所示。

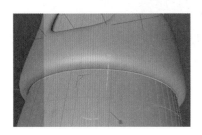
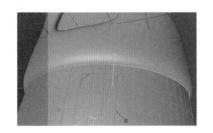

图 8-215　　　　　　　　　图 8-216

3 小熊建模－五官

（1）选择"球体"工具，"对象"面板中会生成一个"球体"对象，将其重命名为"大鼻子"。在"属性"面板的"对象"选项卡中，设置"半径"为 100cm，"分段"为64。用鼠标右键单击"对象"面板中的"大鼻子"对象，在弹出的菜单中选择"转为可编辑对象"命令，将其转为可编辑对象。

（2）单击"模型"按钮，切换为模型模式。在"坐标"面板的"位置"选项组中，设置"X"为 0.5cm，"Y"为 158cm，"Z"为 -141cm；在"尺寸"选项组中，设置"X"为 60cm，"Y"为 60cm，"Z"为 36cm。视图窗口中的效果如图 8-217 所示。

（3）选择"立方体"工具，"对象"面板中会生成一个"立方体"对象，将其重命名为"小鼻子"。将"小鼻子"对象转为可编辑对象。

（4）单击"边"按钮，切换为边模式。选择"移动"工具，按住 Shift 键的同时，在视图窗口中选中需要的边，如图 8-218 所示。在"坐标"面板的"位置"选项组中，设置"X"为 0cm，"Y"为 5cm，"Z"为 0cm；在"尺寸"选项组中，设置"X"为 70cm，"Y"

为 0cm，"Z" 为 200cm。视图窗口中的效果如图 8-219 所示。

（5）单击"模型"按钮，切换为模型模式。在"坐标"面板的"位置"选项组中，设置"X"为 0cm，"Y"为 157.5cm，"Z"为 -154.5cm；在"尺寸"选项组中，设置"X"为 44.5cm，"Y"为 21cm，"Z"为 15.5cm。视图窗口中的效果如图 8-220 所示。选择"细分曲面"工具，"对象"面板中会生成一个"细分曲面"对象，将"小鼻子"对象拖到"细分曲面"对象的下方。

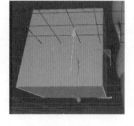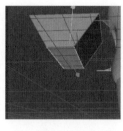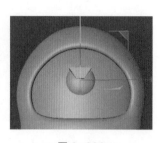

| 图 8-217 | 图 8-218 | 图 8-219 | 图 8-220 |

（6）选中"细分曲面"对象组，在"属性"面板的"对象"选项卡中，设置"渲染器细分"为 3。将"细分曲面"对象组重命名为"小鼻子"。

（7）选择"胶囊"工具，"对象"面板中会自动生成一个"胶囊"对象，将其重命名为"鼻梁"。在"属性"面板的"对象"选项卡中，设置"半径"为 3cm，"高度"为 20cm；在"坐标"选项卡中，设置"P.X"为 0cm，"P.Y"为 158.cm，"P.Z"为 -157.5cm。

（8）选择"胶囊"工具，"对象"面板中会自动生成一个"胶囊"对象，将其重命名为"嘴巴"。在"属性"面板的"对象"选项卡中，设置"半径"为 2cm，"高度"为 29cm；在"坐标"选项卡中，设置"P.X"为 0cm，"P.Y"为 146cm，"P.Z"为 -157.5cm。将"嘴巴"对象转为可编辑对象。

（9）单击"点"按钮，切换为点模式。选择"框选"工具，在视图窗口中选中需要的点，如图 8-221 所示。在"坐标"面板的"位置"选项组中，设置"X"为 -5cm，效果如图 8-222 所示。按住 Shift 键的同时，在视图窗口中框选需要的点，如图 8-223 所示。在"坐标"面板的"位置"选项组中，设置"X"为 1.519cm，效果如图 8-224 所示。

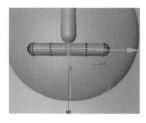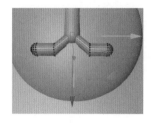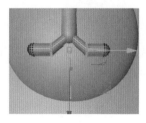

| 图 8-221 | 图 8-222 | 图 8-223 | 图 8-224 |

（10）按住 Shift 键的同时，在视图窗口中框选需要的点，如图 8-225 所示。在"坐标"面板的"位置"选项组中，设置"X"为 -5cm，"Z"为 1.483cm，效果如图 8-226 所示。选择"细分曲面"工具，"对象"面板中会生成一个"细分曲面"对象，将"嘴巴"对象拖

到"细分曲面"对象的下方，并将"细分曲面"对象组重命名为"嘴巴"。

（11）选择"球体"工具，"对象"面板中会生成一个"球体"对象，将其重命名为"小眼睛"。在"属性"面板的"对象"选项卡中，设置"半径"为5cm；在"坐标"选项卡中，设置"P.X"为-58cm，"P.Y"为176cm，"P.Z"为-130cm。选择"对称"工具，"对象"面板中会生成一个"对称"对象。将"小眼睛"对象拖到"对称"对象的下方，并将"对称"对象组重命名为"小眼睛"。视图窗口中的效果如图8-227所示。

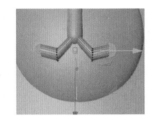
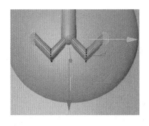

图8-225　　　　　　　　图8-226　　　　　　　　图8-227

（12）单击"多边形"按钮，切换为多边形模式。选中"衣服"对象，在视图窗口中选中需要的面，如图8-228所示。在视图窗口中单击鼠标右键，在弹出的菜单中选择"挤压"命令，在"属性"面板中取消勾选"创建封顶"复选框，设置"偏移"为60cm，效果如图8-229所示。

（13）在视图窗口中单击鼠标右键，在弹出的菜单中选择"循环/路径切割"命令，在视图窗口中选择要切割的面。单击视图窗口中的▥按钮，平分切割对象，效果如图8-230所示。在视图窗口中单击鼠标右键，在弹出的菜单中选择"沿法线缩放"命令，在"属性"面板中设置"缩放"为67%，效果如图8-231所示。

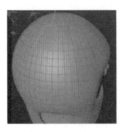
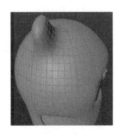
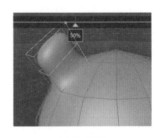
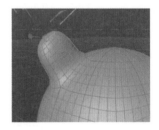

图8-228　　　　　　图8-229　　　　　　图8-230　　　　　　图8-231

（14）在视图窗口中单击鼠标右键，在弹出的菜单中选择"线性切割"命令，在视图窗口中进行切割，如图8-232所示。单击"边"按钮，切换为边模式。选择"移动"工具，选中切割出来的边，在"属性"面板的"轴向"选项卡中，设置"方向"为"法线"，在视图窗口中将y轴向上拖曳5cm，效果如图8-233所示。

（15）在视图窗口中双击需要的边，将其选中，如图8-234所示。选择"缩放"工具，按住Shift键的同时拖曳，缩放边至120%，效果如图8-235所示。

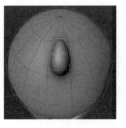
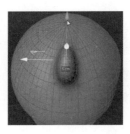

图 8-232　　　　　　　图 8-233　　　　　　　图 8-234　　　　　　　图 8-235

（16）单击"多边形"按钮，切换为多边形模式。选择"移动"工具➕，按住 Shift 键的同时选中需要的面，如图 8-236 所示。在视图窗口中单击鼠标右键，在弹出的菜单中选择"内部挤压"命令，在"属性"面板中设置"偏移"为 20cm，效果如图 8-237 所示。

（17）在视图窗口中单击鼠标右键，在弹出的菜单中选择"挤压"命令，在"属性"面板中设置"偏移"为 -12cm，效果如图 8-238 所示。

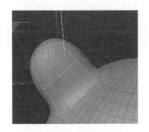
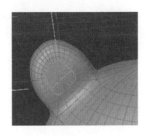
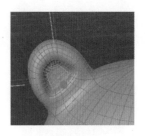

图 8-236　　　　　　　　　图 8-237　　　　　　　　　图 8-238

（18）在视图窗口中单击鼠标右键，在弹出的菜单中选择"沿法线缩放"命令，在"属性"面板中设置"缩放"为 50%，效果如图 8-239 所示。单击"点"按钮▣，切换为点模式。按 Ctrl+A 组合键将点全部选中，在视图窗口中单击鼠标右键，在弹出的菜单中选择"笔刷"命令，在"属性"面板中设置"模式"为"平滑"，在耳朵的位置拖曳以进行平滑处理，效果如图 8-240 所示。

（19）切换到正视图。选择"框选"工具▣，在视图窗口中框选需要的点，如图 8-241 所示。按 Delete 键将选中的点删除，效果如图 8-242 所示。

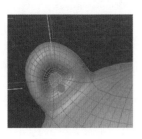
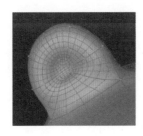

图 8-239　　　　　　　图 8-240　　　　　　　图 8-241　　　　　　　图 8-242

（20）按住 Alt 键的同时，选择"对称"工具▣，"对象"面板中会生成一个"对称"对象，如图 8-243 所示。视图窗口中的效果如图 8-244 所示。（小熊肢体部分的制作在任务 3.5 中有所讲解，这里不再赘述，最终效果如图 8-245 所示。）小熊模型制作完成，将其保存。

图 8-243　　　　　　　　　图 8-244　　　　　　　　　图 8-245

4 模型合并

（1）选择"文件 > 打开项目"命令，在弹出的"打开文件"对话框中，选择保存的场景模型文件，使用"合并项目"命令打开小熊模型文件，单击"打开"按钮，打开文件，如图 8-246 所示。

（2）在"对象"面板中框选所有对象组，按 Alt+G 组合键将选中的对象组进行编组，并将新对象组重命名为"家居装修海报"，如图 8-247 所示。选择"摄像机"工具 ，"对象"面板中会生成一个"摄像机"对象，如图 8-248 所示。

图 8-246　　　　　　　　　图 8-247　　　　　　　　　图 8-248

（3）在"属性"面板的"对象"选项卡中设置"焦距"为 135；在"坐标"选项卡中，设置"P.X"为 -466.2cm，"P.Y"为 241.5cm，"P.Z"为 -1730.5cm，"R.H"为 -17.128°，"R.P"为 -6.343°，"R.B"为 0°。单击"摄像机"对象右侧的 按钮，进入摄像机视图。

（4）视图窗口中的效果如图 8-249 所示。展开"家居装修海报"对象组，选中 "小熊"对象组。在"属性"面板的"坐标"选项卡中，设置"P.X"为 132.5cm，"P.Y"为 18.9cm，"P.Z"为 193.8cm，"R.H"为 25.6°，"R.P"为 0°，"R.B"为 0°。选中"小熊"对象组，在"坐标"面板的"位置"选项组中，设置"X"为 180.6cm，"Y"为 51.5cm，"Z"为 187.5cm。

（5）选择"缩放"工具，在视图窗口中拖曳，缩放对象至 93.5%，如图 8-250 所示。单击"摄像机"对象右侧的 按钮，退出摄像机视图。展开"对象"面板中的"家居装修海报 > 场景 > 书本"对象组。选中"书本 .4"对象，单击"多边形"按钮 ，切换为多边形模式。

（6）在"材质"面板中双击，添加一个材质球。在视图窗口中选中需要的面，如图 8-251 所示。将"材质"面板中的"材质"材质拖曳到视图窗口中选中的面上。用相同的方法分别选中"书本 .4"对象的每个面，并为其应用"材质"材质，效果如图 8-252 所示。单击"摄像机"对象右侧的 按钮，进入摄像机视图。

图 8-249

图 8-250

图 8-251

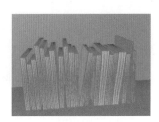
图 8-252

（7）单击"对象"面板中的"筛选"按钮，进入筛选区域，如图 8-253 所示。在筛选区域中展开"标签"选项组，用鼠标右键单击"材质"选项，在弹出的菜单中选择"选择全部'材质'"命令，如图 8-254 所示。

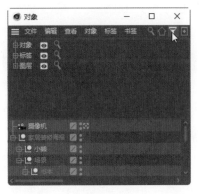
图 8-253

图 8-254

（8）将"书本 .4"对象上的材质标签全部选中，如图 8-255 所示。按住 Ctrl 键的同时，单击"书本 .4"对象右侧的第 1 个"材质"材质标签，将其取消选择。按 Delete 键将选中的材质标签删除。

（9）单击"书本 .4"对象右侧的第 1 个"材质"材质标签，将其选中，按 Delete 键将其删除，如图 8-256 所示。单击"对象"面板中的"筛选"按钮，退出筛选区域。将"材质"面板中的"材质"材质删除。折叠"书本"对象组、"场景"对象组和"家居装修海报"对象组。

图 8-255

图 8-256

5 设置灯光

（1）选择"区域光"工具■，"对象"面板中会生成一个"灯光"对象，将"灯光"对象重命名为"主光源"。在"属性"面板的"常规"选项卡中，设置"强度"为140%，"投影"为"区域"。在"细节"选项卡中，设置"衰减"为"平方倒数（物理精度）"，"半径衰减"为1600cm。在"投影"选项卡中，设置"密度"为0%。在"坐标"选项卡中，设置"P.X"为-2476cm，"P.Y"为900cm，"P.Z"为-2045cm。

（2）选择"区域光"工具■，"对象"面板中会生成一个"灯光"对象，将"灯光"对象重命名为"辅光源"。在"属性"面板的"常规"选项卡中，设置"强度"为120%，"投影"为"区域"。在"细节"选项卡中，设置"衰减"为"平方倒数（物理精度）"，"半径衰减"为1600cm。在"投影"选项卡中，设置"密度"为100%。在"坐标"选项卡中，设置"P.X"为260.5cm，"P.Y"为1180cm，"P.Z"为-1456cm。

（3）选择"区域光"工具■，"对象"面板中会生成一个"灯光"对象，将"灯光"对象重命名为"背光源"。在"属性"面板的"常规"选项卡中，设置"强度"为90%，"投影"为"区域"。在"细节"选项卡中，设置"衰减"为"平方倒数（物理精度）"，"半径衰减"为1600cm。在"投影"选项卡中，设置"密度"为50%。在"坐标"选项卡中，设置"P.X"为547.5cm，"P.Y"为900cm，"P.Z"为2356cm。

（4）选择"空白"工具■，"对象"面板中会生成一个"空白"对象，将其重命名为"灯光"。框选需要的对象，如图8-257所示。将选中的对象拖到"灯光"对象的下方，如图8-258所示。折叠"灯光"对象组。

图 8-257

图 8-258

6 设置材质

（1）在"材质"面板中双击，添加一个材质球，并将其重命名为"书包装饰"，如图8-259所示。展开"对象"面板中的"家居装修海报 > 小熊 > 书包"对象组。将"材质"面板中的"书包装饰"材质拖到"对象"面板中的"书包装饰"对象组上，如图8-260所示。

（2）双击"材质"面板中的"书包装饰"材质，弹出"材质编辑器"对话框。在左侧列表中选择"颜色"选项，切换到相应的面板，设置"H"为36°，"S"为95%，"V"为68%，单击"关闭"按钮，关闭对话框。

（3）在"材质"面板中双击，添加一个材质球，并将其重命名为"书包"，如图8-261

所示。将"材质"面板中的"书包"材质拖到"对象"面板中的"书包"对象组上。双击"材质"面板中的"书包"材质，弹出"材质编辑器"对话框。在左侧列表中选择"颜色"选项，切换到相应的面板，设置"H"为22°，"S"为100%，"V"为89%，单击"关闭"按钮，关闭对话框。

图 8-259

图 8-260

图 8-261

（4）在"材质"面板中双击，添加一个材质球，并将其重命名为"小眼睛"，如图8-262所示。将"材质"面板中的"小眼睛"材质拖到"对象"面板中的"小眼睛"对象上。双击"材质"面板中的"小眼睛"材质，弹出"材质编辑器"对话框。在左侧列表中选择"颜色"选项，切换到相应的面板，设置"H"为17°，"S"为27%，"V"为52%，单击"关闭"按钮，关闭对话框。

（5）在"材质"面板中双击，添加一个材质球，并将其重命名为"大鼻子"，如图8-263所示。将"材质"面板中的"大鼻子"材质拖到"对象"面板中的"大鼻子"对象上。双击"材质"面板中的"大鼻子"材质，弹出"材质编辑器"对话框。在左侧列表中选择"颜色"选项，切换到相应的面板，设置"H"为28°，"S"为7%，"V"为100%，单击"关闭"按钮，关闭对话框。

（6）在"材质"面板中双击，添加一个材质球，并将其重命名为"小鼻子"，如图8-264所示。将"材质"面板中的"小鼻子"材质拖曳到"对象"面板中的"小鼻子""鼻梁""嘴巴"对象上。双击"材质"面板中的"小鼻子"材质，弹出"材质编辑器"对话框。在左侧列表中选择"颜色"选项，切换到相应的面板，设置"H"为17°，"S"为28%，"V"为27%，单击"关闭"按钮，关闭对话框。

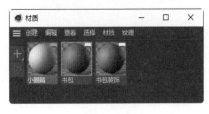
图 8-262

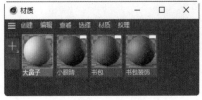
图 8-263

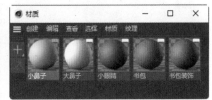
图 8-264

（7）在"材质"面板中双击，添加一个材质球，并将其重命名为"衣服"，如图8-265所示。将"材质"面板中的"衣服"材质拖到"对象"面板中的"衣服"对象上。双击"材质"面板中的"衣服"材质，弹出"材质编辑器"对话框。在左侧列表中选择"颜色"选项，切换到相应的面板，设置"H"为48°，"S"为72%，"V"为99%，单击"关闭"按钮，关闭对话框。

（8）在"材质"面板中双击，添加一个材质球，并将其重命名为"身体"，如图8-266所示。将"材质"面板中的"身体"材质拖到"对象"面板中的"小熊身体"对象组上。双击"材质"面板中的"身体"材质，弹出"材质编辑器"对话框。在左侧列表中选择"颜色"选项，切换到相应的面板，设置"H"为28°，"S"为64%，"V"为100%，单击"关闭"按钮，关闭对话框。

（9）在"材质"面板中双击，添加一个材质球，并将其重命名为"书本1"，如图8-267所示。双击"书本1"材质，弹出"材质编辑器"对话框。在左侧列表中选择"颜色"选项，切换到相应的面板，设置"H"为0°，"S"为3%，"V"为90%，单击"关闭"按钮，关闭对话框。展开"对象"面板中的"场景 > 书本"对象组。将"材质"面板中的"书本1"材质拖到"对象"面板中的"书本1"对象上。

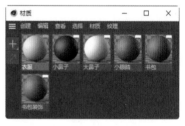
图 8-265

图 8-266

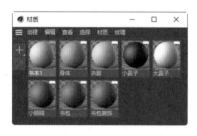
图 8-267

（10）在"对象"面板中双击"书本4"对象右侧的"多边形选集标签 [C1]"按钮▲，如图8-268所示。将"材质"面板中的"书本1"材质拖曳到视图窗口中选中的对象上，视图窗口中的效果如图8-269所示。

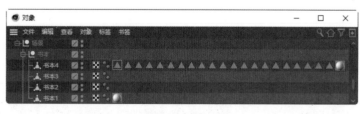
图 8-268

图 8-269

（11）使用相同的方法，分别双击"书本4"对象右侧的"多边形选集标签 [C3]"按钮▲、"多边形选集标签 [C4]"按钮▲、"多边形选集标签 [C8]"按钮▲、"多边形选集标签 [C9]"按钮▲、"多边形选集标签 [C10]"按钮▲、"多边形选集标签 [C16]"按钮▲、"多边形选集标签 [C19]"按钮▲，为选中的对象添加"书本1"材质，视图窗口中的效果如图8-270所示。

（12）在"材质"面板中选中"书本1"材质球，按住Ctrl键的同时向左拖曳，鼠标指针变为箭头形状时，松开鼠标左键即可复制对象，且会自动生成一个材质球，将其重命名为"书本2"，如图8-271所示。将"材质"面板中的"书本2"材质拖到"对象"面板中的"书本2"对象上。双击"材质"面板中的"书本2"材质，弹出"材质编辑器"对话框。在左侧列表中选择"颜色"选项，切换到相应的面板，设置"H"为79°，"S"为23%，"V"为84%，单击"关闭"按钮，关闭对话框。使用相同的方法，分别为其他书本对象添加材质，视图窗口中的效果如图8-272所示。

图 8-270

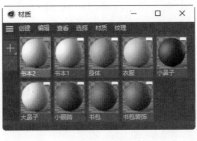
图 8-271

图 8-272

（13）在"材质"面板中双击，添加一个材质球，并将其重命名为"灯帽"，如图8-273所示。将"材质"面板中的"灯帽"材质拖到"对象"面板中的"灯帽"对象上。双击"材质"面板中的"灯帽"材质，弹出"材质编辑器"对话框。在左侧列表中选择"颜色"选项，切换到相应的面板，设置"H"为37°，"S"为29%，"V"为91%。在左侧列表中选择"反射"选项，切换到相应的面板，单击"添加"按钮，在弹出的下拉菜单中选择"GGX"命令，添加一个层。设置"全局反射亮度"为10%，"全局高光强度"为30%，"反射强度"为0%，单击"关闭"按钮，关闭对话框。

（14）在"材质"面板中双击，添加一个材质球，并将其重命名为"灯绳"，如图8-274所示。将"材质"面板中的"灯绳"材质拖到"对象"面板中的"灯绳"对象上。双击"材质"面板中的"灯绳"材质，弹出"材质编辑器"对话框。在左侧列表中选择"颜色"选项，切换到相应的面板，设置"H"为9°，"S"为67%，"V"为71%，单击"关闭"按钮，关闭对话框。

图 8-273

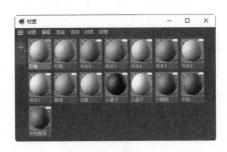
图 8-274

（15）在"材质"面板中双击，添加一个材质球，并将其重命名为"桌子"，如图8-275所示。将"材质"面板中的"桌子"材质拖到"对象"面板中的"桌子"对象上。双击"材质"面板中的"桌子"材质，弹出"材质编辑器"对话框。在左侧列表中选择"颜色"选项，切换到相应的面板，设置"H"为31.5°，"S"为85%，"V"为62%。单击"纹理"选项右侧的▨按钮，弹出"打开文件"对话框，选择"Ch08 > 制作家居宣传海报 > tex > 02"文件，单击"打开"按钮，打开文件。设置"混合强度"为40%。在左侧列表中选择"反射"选项，切换到相应的面板，单击"添加"按钮，在弹出的下拉菜单中选择"GGX"命令，添加一个层。设置"全局反射亮度"为10%，"全局高光强度"为30%，"反射强度"为0%，单击"关闭"按钮，关闭对话框。

（16）在"材质"面板中双击，添加一个材质球，并将其重命名为"地面"，如图 8-276 所示。在"对象"面板中选中"房屋"对象。按住 Shift 键的同时，在视图窗口中选中地面区域，如图 8-277 所示。

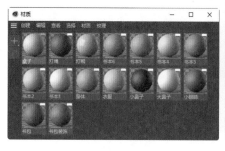

图 8-275

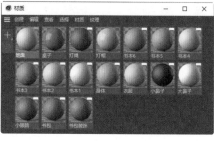

图 8-276

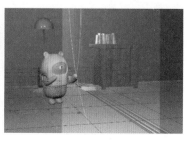

图 8-277

（17）将"材质"面板中的"地面"材质拖到视图窗口中选中的地面区域上。双击"材质"面板中的"地面"材质，弹出"材质编辑器"对话框。在左侧列表中选择"颜色"选项，切换到相应的面板，单击"纹理"选项右侧的▨按钮，弹出"打开文件"对话框，选择"Ch08 > 制作家居宣传海报 > tex > 01"文件，单击"打开"按钮，打开文件。在左侧列表中选择"反射"选项，切换到相应的面板，单击"添加"按钮，在弹出的下拉菜单中选择"GGX"命令，添加一个层。设置"全局反射亮度"为10%，"全局高光强度"为30%，"反射强度"为0%，"高光强度"为1%，单击"关闭"按钮，关闭对话框。

（18）在"材质"面板中双击，添加一个材质球，并将其重命名为"门槛"，如图 8-278 所示。在"对象"面板中单击"摄像机"对象右侧的▨按钮，退出摄像机视图。在视图窗口中多次旋转角度，按住 Shift 键的同时选中门槛区域。在"对象"面板中单击"摄像机"对象右侧的▨按钮，进入摄像机视图。视图窗口中的效果如图 8-279 所示。

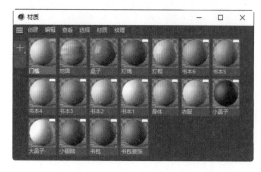

图 8-278

图 8-279

（19）将"材质"面板中的"门槛"材质拖到视图窗口中选中的门槛区域上。双击"材质"面板中的"门槛"材质，弹出"材质编辑器"对话框。在左侧列表中选择"颜色"选项，切换到相应的面板，设置"H"为31.5°，"S"为72%，"V"为81%。单击"关闭"按钮，关闭对话框。

（20）在"材质"面板中双击，添加一个材质球，并将其重命名为"墙壁"，如图8-280所示。按住 Shift 键的同时，在视图窗口中选中墙壁区域，如图8-281所示。将"材质"面板中的"墙壁"材质拖到视图窗口中选中的墙壁区域上。双击"材质"面板中的"墙壁"材质，弹出"材质编辑器"对话框。在左侧列表中选择"颜色"选项，切换到相应的面板，设置"H"为38°，"S"为47%，"V"为91%。

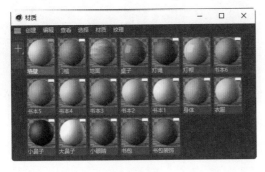

图 8-280

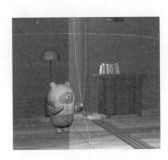

图 8-281

（21）在左侧列表中选择"反射"选项，切换到相应的面板，单击"添加"按钮，在弹出的下拉菜单中选择"GGX"命令，添加一个层。设置"全局反射亮度"为10%，"全局高光强度"为30%，"反射强度"为0%，"高光强度"为1%，单击"关闭"按钮，关闭对话框。

（22）在"材质"面板中双击，添加一个材质球，并将其重命名为"天空"，如图8-282所示。选择"天空"工具，"对象"面板中会生成一个"天空"对象，如图8-283所示。将"材质"面板中的"天空"材质拖到"对象"面板中的"天空"对象上，如图8-284所示。

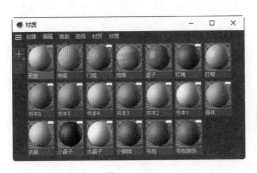

图 8-282

图 8-283

图 8-284

（23）在"材质"面板中的"天空"材质上双击，弹出"材质编辑器"对话框。在左侧列表中取消勾选"颜色"和"反射"复选框，如图8-285所示。选择"发光"选项，切换到相应的面板，勾选"发光"复选框，单击"纹理"选项右侧的▇▇按钮，弹出"打开文件"对话框，选择云盘中的"Ch08 > 制作家居宣传海报 > tex > 03"文件，单击"打开"按钮，打开文件，设置"亮度"为18%，"混合强度"为80%，其他选项的设置如图 8-286 所示。
单击"关闭"按钮，关闭对话框。

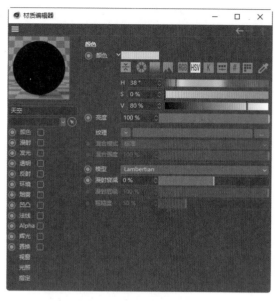

图 8-285

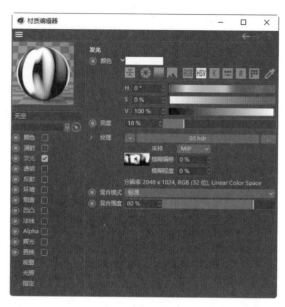

图 8-286

⑦ 进行渲染

（1）单击"编辑渲染设置"按钮，弹出"渲染设置"对话框，在左侧列表中选择"保存"选项，切换到相应的面板，设置"格式"为"PNG"。在左侧列表中选择"抗锯齿"选项，切换到相应的面板，设置"抗锯齿"为"最佳"。

（2）单击"效果"按钮，在弹出的下拉菜单中选择"全局光照"命令，左侧列表中会添加"全局光照"选项，切换到相应的面板。在"常规"选项卡中，设置"次级算法"为"辐照缓存"，"漫射深度"为 4，"采样"为"自定义采样数"。单击"采样"选项左侧的下拉按钮，设置"采样数量"为 128。在"辐照缓存"选项卡中，设置"记录密度"为"低"，"平滑"为 100%。单击"效果"按钮，在弹出的下拉菜单中选择"环境吸收"命令，左侧列表中会添加"环境吸收"选项，如图 8-287 所示。单击"关闭"按钮，关闭对话框。

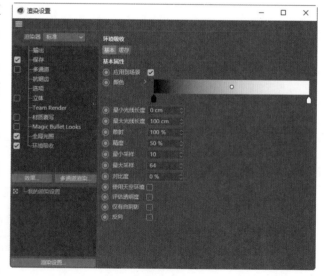

图 8-287

（3）单击"渲染到图像查看器"按钮，弹出"图像查看器"对话框，如图 8-288 所示。渲染完成后，单击对话框中的"将图像另存为"按钮，弹出"保存"对话框，如图 8-289 所示。

图 8-288

图 8-289

（4）单击"保存"对话框中的"确定"按钮，弹出"保存对话"对话框，在对话框中选择要保存文件的位置，并在"文件名"文本框中输入名称，设置完成后，单击"保存"按钮，保存图像。

（5）在 Photoshop 中，根据需要添加文字与图标相结合的宣传信息，丰富整体画面。家居宣传海报制作完成。

任务 8.5 制作客厅装修效果图

任务 8.5 微课 1

任务 8.5 微课 2

任务 8.5 微课 3

任务 8.5 微课 4

任务 8.5 微课 5

任务 8.5 微课 6

任务 8.5 微课 7

任务 8.5 微课 8

任务 8.5 微课 9

8.5.1 任务引入

迪徽是一家室内设计公司，该公司现需要为客户设计制作一款客厅装修效果图，要求风格温馨、甜美。

8.5.2 设计理念

在设计时，选择粉色的背景，营造甜美的氛围；作为展示物的地毯、摆件、灯具等，也以柔美的粉色系为主，搭配飘舞的粉色花瓣，使画面产生和谐美；沙发和壁画选择其他色系，为画面增加了平衡感，使效果图风格更加优雅。最终效果参看"云盘/Ch08/任务8.5 制作客厅装修效果图/工程文件.c4d"，如图8-290所示。

图 8-290

8.5.3 任务实施

① 建模

（1）启动 Cinema 4D。单击"编辑渲染设置"按钮，弹出"渲染设置"对话框，在"输出"选项组中设置"宽度"为 1400 像素，"高度"为 1060 像素，单击"关闭"按钮，关闭对话框。选择"立方体"工具，"对象"面板中会生成一个"立方体"对象，将其重命名为"墙"。

（2）在"属性"面板的"对象"选项卡中，设置"尺寸.X"为 1276cm，"尺寸.Y"为 519cm，"尺寸.Z"为 624cm；在"坐标"选项卡中，设置"P.X"为 40cm，"P.Y"为 241cm，"P.Z"为 -32cm。用鼠标右键单击"对象"面板中的"墙"对象，在弹出的菜单中选择"转为可编辑对象"命令，将其转为可编辑对象，如图 8-291 所示。

（3）单击"多边形"按钮，切换为多边形模式。选择"移动"工具，在视图窗口中选中需要的面，如图 8-292 所示，按 Delete 键将选中的面删除。用相同的方法删除其他面，效果如图 8-293 所示。

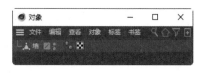

图 8-291

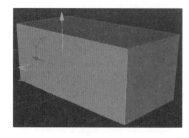

图 8-292

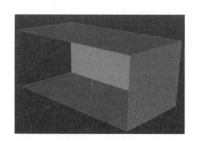

图 8-293

（4）按 Ctrl+A 组合键将所有面全部选中。在视图窗口中单击鼠标右键，在弹出的菜单中选择"挤压"命令，在"属性"面板中，设置"偏移"为20cm，勾选"创建封顶"复选框，效果如图 8-294 所示。

（5）选择"矩形"工具█，"对象"面板中会生成一个"矩形"对象。在"属性"面板的"对象"选项卡中，设置"宽度"为140cm，"高度"为300cm；在"坐标"选项卡中，设置"P.X"为80cm，"P.Y"为113cm，"P.Z"为250cm。视图窗口中的效果如图 8-295 所示。

（6）用鼠标右键单击"对象"面板中的"矩形"对象，在弹出的菜单中选择"转为可编辑对象"命令，将其转为可编辑对象。单击"点"按钮█，切换为点模式。选择"框选"工具█，在视图窗口中框选需要的点。在视图窗口中单击鼠标右键，在弹出的菜单中选择"倒角"命令，在"属性"面板中设置"半径"为70cm。视图窗口中的效果如图 8-296 所示。

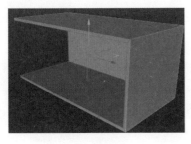  

图 8-294　　　　　　　　　　图 8-295　　　　　　　　　　图 8-296

（7）选择"挤压"工具█，"对象"面板中会生成一个"挤压"对象。将"矩形"对象拖到"挤压"对象的下方。选中"挤压"对象组，在"属性"面板的"对象"选项卡中，设置"偏移"为50cm。视图窗口中的效果如图 8-297 所示。用鼠标右键单击"对象"面板中的"挤压"对象组，在弹出的菜单中选择"转为可编辑对象"命令，将其转为可编辑对象，将"挤压"对象重命名为"门"。

（8）单击"模型"按钮█，切换为模型模式。选择"网格 > 轴心 > 轴居中到对象"命令，将轴与对象居中对齐。选择"移动"工具█，选中"门"对象。选择"布尔"工具█，"对象"面板中会生成一个"布尔"对象。分别将"墙"对象和"门"对象拖到"布尔"对象的下方，如图 8-298 所示。选中"门"对象，在"属性"面板的"坐标"选项卡中，设置"P.X"为81cm，"P.Y"为122cm，"P.Z"为290cm。视图窗口中的效果如图 8-299 所示。

（9）在"对象"面板中将"布尔"对象组重命名为"墙体"，折叠对象组。选择"平面"工具█，"对象"面板中会生成一个"平面"对象，将其重命名为"后面墙"，如图 8-300 所示。在"属性"面板的"对象"选项卡中，设置"宽度"为2175cm，"高度"为1315cm；在"坐标"选项卡中，设置"P.X"为0cm，"P.Y"为-25cm，"P.Z"为825cm，"R.H"为0°，"R.P"为-90°，"R.B"为0°。

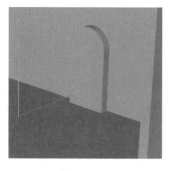
图 8-297

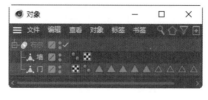
图 8-298

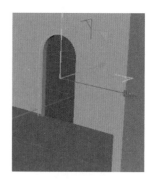
图 8-299

（10）选择"平面"工具 ，"对象"面板中会生成一个"平面"对象，将其重命名为"地面"，如图 8-301 所示。在"属性"面板的"对象"选项卡中，设置"宽度"为 2174cm，"高度"为 1755cm；在"坐标"选项卡中，设置"P.X"为 -28cm，"P.Y"为 -38.5cm，"P.Z"为 -228.5cm。

（11）选择"球体"工具 ，"对象"面板中会生成一个"球体"对象，将其重命名为"小球"，如图 8-302 所示。在"属性"面板的"对象"选项卡中，设置"半径"为 20cm，"分段"为 36；在"坐标"选项卡中，设置"P.X"为 137cm，"P.Y"为 -23cm，"P.Z"为 520cm。

图 8-300

图 8-301

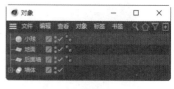
图 8-302

（12）选择"面板 > 新建视图面板"命令，新建一个视图窗口，如图 8-303 所示。按住 Shift 键的同时，将"对象"面板中的对象和对象组全部选中，按 Alt+G 组合键将选中的对象和对象组编组，并将对象组重命名为"房子"，如图 8-304 所示。房子模型制作完成，将其保存。

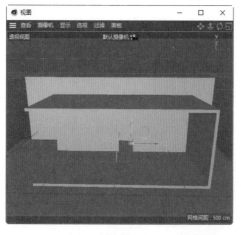
图 8-303

图 8-304

（13）选择"文件 > 打开项目"命令，在弹出的"打开文件"对话框中，选择云盘中的"Ch14 > 制作客厅装修效果图 > 素材 > 01"文件，单击"打开"按钮，打开文件。选择"文件>合并项目"命令，在弹出的"打开文件"对话框中，选择保存的房子模型文件，单击"打开"按钮，将选中的文件导入，"对象"面板如图8-305所示，视图窗口中的效果如图8-306所示。展开"场景"对象组，将"房子"对象组拖到"场景"对象组的下方，如图8-307所示，折叠"场景"对象组。

| 图 8-305 | 图 8-306 | 图 8-307 |

（14）在"对象"面板中，展开"绿植"对象组，选中"毛发"对象，如图8-308所示，按Delete键将其删除。在"材质"面板中，选中"毛发材质"，如图8-309所示，按Delete键将其删除。

| 图 8-308 | 图 8-309 |

（15）在"对象"面板中选中"植物"对象，选择"模拟>毛发对象>添加毛发"命令，为"植物"对象添加毛发效果，"对象"面板中会生成一个"毛发"对象，如图8-310所示。

（16）在"属性"面板的"引导线"选项卡中，展开"发根"选项组，设置"长度"为5cm，如图8-311所示。

| 图 8-310 | 图 8-311 |

（17）在"材质"面板中的"毛发材质"上双击，弹出"材质编辑器"对话框。在左侧列表中选择"粗细"选项，切换到相应的面板，勾选"粗细"复选框，设置"发梢"为0.3cm，其他选项的设置如图8-312所示，单击"关闭"按钮，关闭对话框。将"毛发"对象拖到"绿植"对象的下方，如图8-313所示，折叠"绿植"对象组。

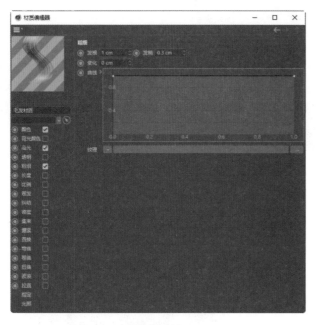

图 8-312

图 8-313

（18）在"对象"面板中框选所有对象组，按 Alt+G 组合键将选中的对象组编组，并将其重命名为"室内环境效果图"。

（19）选择"摄像机"工具，"对象"面板中会生成一个"摄像机"对象。单击"摄像机"对象右侧的 按钮，如图8-314所示，进入摄像机视图。

图 8-314

（20）在"属性"面板的"对象"选项卡中，设置"焦距"为46，其他选项的设置如图8-315所示；在"坐标"选项卡中，设置"P.X"为 -133cm，"P.Y"为77cm，"P.Z"为 -620cm，"R.H"为0°，"R.P"为2°，"R.B"为0°，如图8-316所示。

图 8-315

图 8-316

2 设置灯光

（1）选择"区域光"工具■，"对象"面板中会生成一个"灯光"对象，将"灯光"对象重命名为"主光源"，如图8-317所示。在"属性"面板的"坐标"选项卡中，设置"P.X"为-871cm，"P.Y"为575cm，"P.Z"为-626cm，"R.H"为-56°，"R.P"为-29°，"R.B"为-3°。在"属性"面板的"常规"选项卡中设置"强度"为125%。

（2）在"细节"选项卡中，设置"外部半径"为262cm，"水平尺寸"为524cm，"垂直尺寸"为459cm。在"投影"选项卡中，设置"投影"为"区域"，"密度"为80%。在"工程"选项卡中，设置"模式"为"排除"。在"对象"面板中展开"室内环境效果图 > 沙发"对象组，将"沙发对称"对象组和"绿植"对象组分别拖到"工程"选项卡中的"对象"选项中。

（3）选择"区域光"工具■，"对象"面板中会生成一个"灯光"对象，将"灯光"对象重命名为"辅光源"，如图8-318所示。在"属性"面板的"坐标"选项卡中，设置"P.X"为-260cm，"P.Y"为227cm，"P.Z"为-14cm，"R.H"为-29°，"R.P"为-42°，"R.B"为-13°。

（4）在"细节"选项卡中，设置"外部半径"为68cm，"水平尺寸"为136cm，"垂直尺寸"为128cm。在"工程"选项卡中，设置"模式"为"包括"。在"对象"面板中，将"沙发对称"对象组拖到"工程"选项卡中的"对象"选项中。

（5）选择"区域光"工具■，"对象"面板中会生成一个"灯光"对象，将"灯光"对象重命名为"照亮墙后"，如图8-319所示。在"属性"面板的"坐标"选项卡中，设置"P.X"为528cm，"P.Y"为285cm，"P.Z"为490cm，"R.H"为-58°，"R.P"为-29°，"R.B"为-5°。在"属性"面板的"常规"选项卡中设置"强度"为70%。

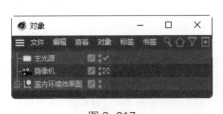

图8-317

图8-318

图8-319

（6）在"细节"选项卡中，设置"外部半径"为158cm，"水平尺寸"为316cm，"垂直尺寸"为533cm。在"工程"选项卡中，设置"模式"为"排除"。在"对象"面板中，将"绿植"对象组拖到"工程"选项卡中的"对象"选项中。

（7）选择"区域光"工具■，"对象"面板中会生成一个"灯光"对象，将"灯光"对象重命名为"照亮小球"，如图8-320所示。在"属性"面板的"坐标"选项卡中，设置

"P.X"为-71 cm，"P.Y"为257cm，"P.Z"为494cm，"R.H"为-268°，"R.P"为-24°，"R.B"为0°。在"属性"面板的"常规"选项卡中设置"强度"为130%。

（8）在"细节"选项卡中，设置"外部半径"为134cm，"水平尺寸"为268cm，"垂直尺寸"为398cm。在"投影"选项卡中，设置"投影"为"阴影贴图（软阴影）"。在"工程"选项卡中，设置"模式"为"排除"。在"对象"面板中，将"绿植"对象组拖到"工程"选项卡中的"对象"选项中。

（9）折叠"室内环境效果图"对象组。选择"聚光灯"工具，"对象"面板中会生成一个"灯光"对象，将"灯光"对象重命名为"照亮绿植"，如图8-321所示。在"属性"面板的"坐标"选项卡中，设置"P.X"为27cm，"P.Y"为320cm，"P.Z"为174cm，"R.H"为-89°，"R.P"为-66°，"R.B"为-9°。在"属性"面板的"常规"选项卡中，设置"强度"为60%。在"细节"选项卡中，设置"内部角度"为0°，"外部角度"为31°。在"投影"选项卡中，设置"投影"为"阴影贴图（软阴影）"。视图窗口中的效果如图8-322所示。

图8-320

图8-321

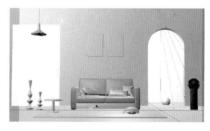

图8-322

（10）按住Shift键的同时，在"对象"面板中选中需要的对象，如图8-323所示。按Alt+G组合键将选中的对象编组，并将对象组重命名为"灯光"，如图8-324所示。

图8-323

图8-324

3　设置材质

（1）在"材质"面板中双击，添加一个材质球，并将其重命名为"门"，如图8-325所示。展开"对象"面板中的"室内环境效果图>场景>房子>墙体"对象组。将"材质"面板中的"门"材质拖到"对象"面板中的"门"对象上，如图8-326所示。

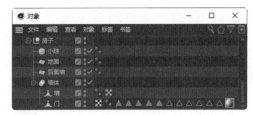

图 8-325　　　　　　　　　　　　　　图 8-326

（2）双击"材质"面板中的"门"材质，弹出"材质编辑器"对话框。在左侧列表中选择"颜色"选项，切换到相应的面板，设置"H"为1°，"S"为28%，"V"为81%。在左侧列表中选择"反射"选项，切换到相应的面板，设置"宽度"为35%，"衰减"为-10%，"内部宽度"为4%，如图8-327所示。

（3）在左侧列表中选择"凹凸"选项，切换到相应的面板，勾选"凹凸"复选框，单击"纹理"选项右侧的 ▿ 按钮，在弹出的下拉菜单中选择"噪波"命令，设置"强度"为1%。单击选项下方的预览区域，切换到相应的面板，设置"全局缩放"为1%，其他选项的设置如图8-328所示。单击"关闭"按钮，关闭对话框。

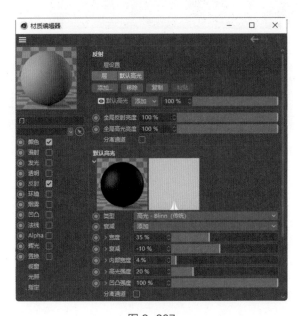

图 8-327　　　　　　　　　　　　　　图 8-328

（4）在"材质"面板中，选中"门"材质球，按住Ctrl键的同时向左拖曳，鼠标指针变为箭头形状时，松开鼠标左键即可复制材质，且会自动生成一个材质球，将其重命名为"墙"。将"材质"面板中的"墙"材质拖曳到"对象"面板中的"墙"对象上。

（5）使用相同的方法，在"材质"面板中复制一个"门"材质球，并将其重命名为"后面墙"。将"材质"面板中的"后面墙"材质拖到"对象"面板中的"后面墙"对象上。再次复制一个"门"材质球，并将其重命名为"地面"，如图8-329所示。将"材质"面板中的"地面"材质拖到"对象"面板中的"地面"对象上。

（6）双击"材质"面板中的"地面"材质，弹出"材质编辑器"对话框。在左侧列表中选择"颜色"选项，切换到相应的面板，设置"H"为1°，"S"为30%，"V"为97%。在左侧列表中选择"反射"选项，切换到相应的面板，设置"宽度"为57%，"衰减"为-26%，"高光强度"为55%，如图8-330所示。

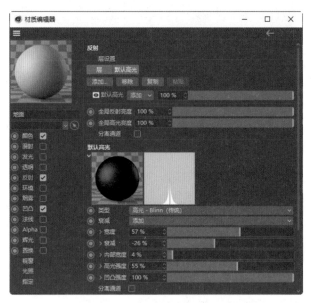

图8-329　　　　　　　　　　　　　　　　　图8-330

（7）单击"层设置"下方的"添加"按钮，在弹出的下拉菜单中选择"Beckmann"命令，添加一个层。设置"粗糙度"为38%，"反射强度"为20%，"高光强度"为2%。在"层颜色"选项组下设置"H"为0°，"S"为25%，"V"为92%，其他选项的设置如图8-331所示。单击"关闭"按钮，关闭对话框。

（8）在"材质"面板中双击，添加一个材质球，并将其重命名为"小球"。将"材质"面板中的"门"材质拖到"对象"面板中的"小球"对象上。双击"材质"面板中的"小球"材质，弹出"材质编辑器"对话框。在左侧列表中选择"颜色"选项，切换到相应的面板，设置"H"为1°，"S"为0%，"V"为87%。在左侧列表中选择"反射"选项，切换到相应的面板，设置"宽度"为58%，"衰减"为-28%，"内部宽度"为6%，"高光强度"为71%，如图8-332所示。

（9）单击"层设置"下方的"添加"按钮，在弹出的下拉菜单中选择"Beckmann"命令，添加一个层。设置"粗糙度"为36%，"反射强度"为65%，"高光强度为21%，其他选项的设置如图8-333所示。在左侧列表中选择"环境"选项，切换到相应的面板，勾选"环境"复选框。单击"关闭"按钮，关闭对话框。

（10）在"材质"面板中选中"小球"材质球，按住 Ctrl 键的同时向左拖曳，鼠标指针变为箭头形状时，松开鼠标左键即可复制材质，且会自动生成一个材质球，将其重命名为"灯罩"。在"对象"面板中，折叠"房子"对象组，并展开"灯具 > 灯罩细分"对象组。将"材质"面板中的"灯罩"材质拖到"对象"面板中的"灯罩"对象上。

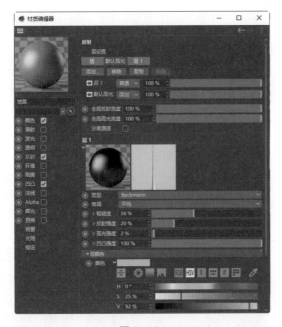

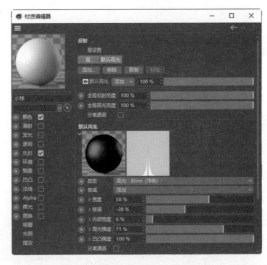

图 8-331　　　　　　　　　　　　　　　　图 8-332

（11）双击"材质"面板中的"灯罩"材质，弹出"材质编辑器"对话框。在左侧列表中选择"颜色"选项，切换到相应的面板，设置"H"为32°，"S"为90%，"V"为35%。在左侧列表中选择"反射"选项，切换到相应的面板，在"层颜色"选项组下设置"H"为292°，"S"为30%，"V"为90%。在左侧列表中勾选"环境"复选框，如图8-334所示。单击"关闭"按钮，关闭对话框。

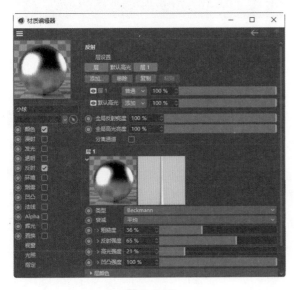

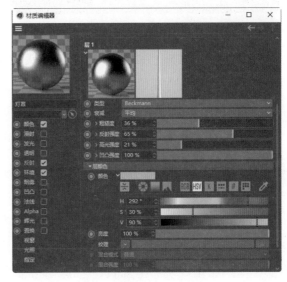

图 8-333　　　　　　　　　　　　　　　　图 8-334

（12）在"材质"面板中双击，添加一个材质球，并将其重命名为"灯头"。在"对象"面板中，折叠"灯罩细分"对象组，并展开"灯头细分"对象组。将"材质"面板中的"灯头"材质拖到"对象"面板中的"灯头"对象上，并折叠"灯头细分"对象组。

（13）双击"材质"面板中的"灯头"材质，弹出"材质编辑器"对话框。在左侧列表中选择"颜色"选项，切换到相应的面板。单击"纹理"选项右侧的▇按钮，弹出"打开文件"对话框，选择"Ch08 > 制作客厅装修效果图 > tex > 01"文件，单击"打开"按钮，打开文件，结果如图 8-335 所示。

（14）在左侧列表中选择"反射"选项，切换到相应的面板，设置"宽度"为60%，"衰减"为 -17%，"高光强度"为43%。在左侧列表中选择"凹凸"选项，切换到相应的面板，勾选"凹凸"复选框，单击"纹理"选项右侧的▇按钮，弹出"打开文件"对话框，选择"Ch08 > 制作客厅装修效果图 > tex > 01"文件，单击"打开"按钮，打开文件，结果如图 8-336所示。单击"关闭"按钮，关闭对话框。

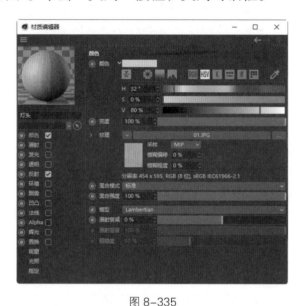

图 8-335

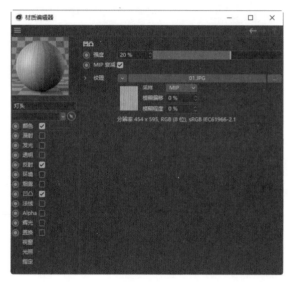

图 8-336

（15）在"材质"面板中选中"灯头"材质球，按住 Ctrl 键的同时向左拖曳，鼠标指针变为箭头形状时，松开鼠标左键即可复制材质，且会自动生成一个材质球，将其重命名为"灯绳"。将"材质"面板中的"灯绳"材质拖曳到"对象"面板中的"灯绳"对象上。双击"材质"面板中的"灯绳"材质，弹出"材质编辑器"对话框。在左侧列表中取消勾选"反射"复选框。单击"关闭"按钮，关闭对话框。

（16）在"材质"面板中双击，添加一个材质球，并将其重命名为"装饰墙"。在"对象"面板中折叠"灯具"对象组，并展开"装饰 > 克隆装饰墙"对象组。将"材质"面板中的"装饰墙"材质拖到"对象"面板中的"装饰墙"对象上。

（17）双击"材质"面板中的"装饰墙"材质，弹出"材质编辑器"对话框。在左侧列表中选择"颜色"选项，切换到相应的面板，设置"H"为359°，"S"为41%，"V"为32%。在左侧列表中选择"反射"选项，切换到相应的面板，设置"宽度"为57%，"衰减"为 -26%，"内部宽度"为4%，"高光强度"为55%，如图 8-337 所示。在左侧列表中选择"凹凸"选项，切换到相应的面板，勾选"凹凸"复选框，单击"纹理"选项右侧的▇按钮，在弹出的下拉菜单中选择"噪波"命令，设置"强度"为1%。单击选项下方的预览区域，如图 8-338 所示，切换到相应的面板，设置"全局缩放"为1%，设置其他选项。单击"关闭"按钮，关闭对话框。

图 8-337

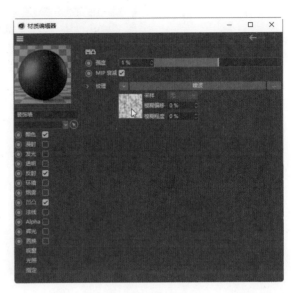

图 8-338

（18）在"材质"面板中双击，添加一个材质球，并将其重命名为"画框"。将"材质"面板中的"画框"材质拖到"对象"面板中的"装饰画1"对象和"装饰画2"对象上。

（19）双击"材质"面板中的"画框"材质，弹出"材质编辑器"对话框。在左侧列表中选择"颜色"选项，切换到相应的面板，设置"H"为1°，"S"为0%，"V"为11%。在左侧列表中选择"反射"选项，切换到相应的面板，设置"宽度"为79%，"衰减"为-28%。单击"关闭"按钮，关闭对话框。

（20）在"材质"面板中双击，添加一个材质球，并将其重命名为"壁画1"，如图8-339所示。在"对象"面板中选中"装饰画1"对象，单击"多边形"按钮 ![icon]，切换为多边形模式。在视图窗口中选中需要的面，如图8-340所示。将"材质"面板中的"壁画1"材质拖到视图窗口中选中的面上，如图8-341所示。

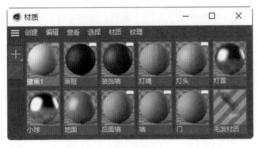

图 8-339

图 8-340

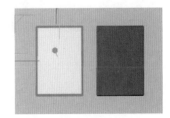

图 8-341

（21）双击"材质"面板中的"壁画1"材质，弹出"材质编辑器"对话框。在左侧列表中选择"颜色"选项，切换到相应的面板。单击"纹理"选项右侧的 ![按钮] 按钮，弹出"打开文件"对话框，选择"Ch08＞制作客厅装修效果图＞tex＞02"文件，单击"打开"按钮，打开文件，结果如图 8-342 所示。单击"关闭"按钮，关闭对话框。

图 8-342

（22）在"材质"面板中，选中"壁画 1"材质球，按住 Ctrl 键的同时向左拖曳，鼠标指针变为箭头形状时，松开鼠标左键即可复制材质，且会自动生成一个材质球，将其重命名为"壁画 2"。在"对象"面板中选中"装饰画 2"对象，在视图窗口中选中需要的面，如图 8-343 所示。

（23）将"材质"面板中的"壁画 2"材质拖到视图窗口中选中的面上。双击"材质"面板中的"壁画 2"材质，弹出"材质编辑器"对话框。在左侧列表中选择"颜色"选项，切换到相应的面板。单击"纹理"选项右侧的████按钮，弹出"打开文件"对话框，选择"Ch08 > 制作客厅装修效果图 > tex > 03"文件，单击"打开"按钮，打开文件。单击"关闭"按钮，关闭对话框。视图窗口中的效果如图 8-344 所示。

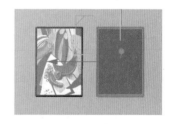

图 8-343

图 8-344

（24）在"材质"面板中双击，添加一个材质球，并将其重命名为"花瓶"。在"对象"面板中折叠"装饰"对象组，并展开"瓶子"对象组。将"材质"面板中的"花瓶"材质拖到"对象"面板中的"瓶子 1"对象和"瓶子 2"对象上。

（25）双击"材质"面板中的"花瓶"材质，弹出"材质编辑器"对话框。在左侧列表中选择"颜色"选项，切换到相应的面板，设置"H"为 345°，"S"为 23%，"V"为 91%。在左侧列表中选择"反射"选项，切换到相应的面板，设置"宽度"为 47%，"衰减"为 -36%，

"内部宽度"为4%，"高光强度"为22%，如图8-345所示。

（26）在左侧列表中选择"凹凸"选项，切换到相应的面板，勾选"凹凸"复选框，单击"纹理"选项右侧的 ■ 按钮，在弹出的下拉菜单中选择"噪波"命令，设置"强度"为1%。单击选项下方的预览区域，切换到相应的面板，设置"全局缩放"为1%，其他选项的设置如图8-346所示。单击"关闭"按钮，关闭对话框。

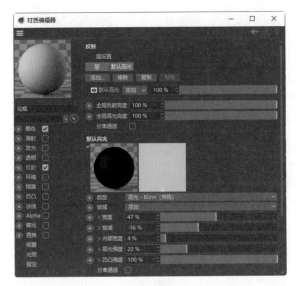

图 8-345

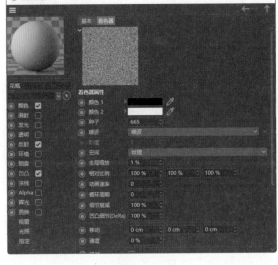

图 8-346

（27）在"材质"面板中双击，添加一个材质球，并将其重命名为"桌子"，如图8-347所示。在"对象"面板中折叠"花瓶"对象组，并展开"桌子"对象组。将"材质"面板中的"桌子"材质拖到"对象"面板中的"桌子上"对象、"桌子中间"对象和"桌子下"对象上，如图8-348所示。

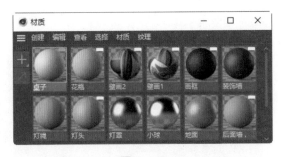

图 8-347

图 8-348

（28）双击"材质"面板中的"桌子"材质，弹出"材质编辑器"对话框。在左侧列表中选择"颜色"选项，切换到相应的面板，设置"H"为0°，"S"为0%，"V"为88%。在左侧列表中选择"反射"选项，切换到相应的面板，设置"全局反射亮度"为6%，如图8-349所示。单击"层设置"下方的"添加"按钮，在弹出的下拉菜单中选择"Beckmann"命令，添加一个层。设置"粗糙度"为24%，"反射强度"为24%，"高光强度"为13%，其他选项的设置如图8-350所示。单击"关闭"按钮，关闭对话框。

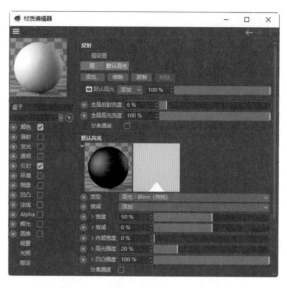

图 8-349

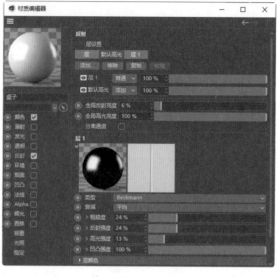

图 8-350

（29）在"材质"面板中双击，添加一个材质球，并将其重命名为"花瓣"。在"对象"面板中折叠"桌子"对象组，并展开"花瓣"对象组。将"材质"面板中的"花瓣"材质拖到"对象"面板中的"花瓣"对象、"花瓣.1"对象和"花瓣.2"对象上。

（30）双击"材质"面板中的"花瓣"材质，弹出"材质编辑器"对话框。在左侧列表中选择"颜色"选项，切换到相应的面板。单击"纹理"选项右侧的 ... 按钮，弹出"打开文件"对话框，选择"Ch08 > 制作客厅装修效果图 > tex > 04"文件，单击"打开"按钮，打开文件，结果如图 8-351 所示。

（31）单击"纹理"选项右侧的 ∨ 按钮，在弹出的下拉菜单中选择"过滤"命令。单击选项下方的预览区域，切换到相应的面板，设置"色调"为 308°，"饱和度"为 42%，其他选项的设置如图 8-352 所示。单击"关闭"按钮，关闭对话框。

图 8-351

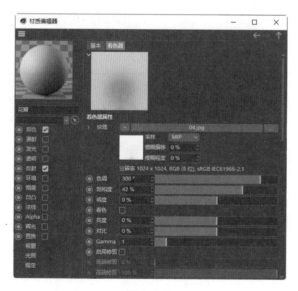

图 8-352

（32）在"材质"面板中双击，添加一个材质球，并将其重命名为"花盆"。在"对象"面板中折叠"场景"对象组。使用上述的方法分别为"绿植"模型和"沙发"模型添加需要的材质，最终效果如图 8-353 所示。

图 8-353

4 进行渲染

（1）选择"天空"工具 ，"对象"面板中会生成一个"天空"对象。在"材质"面板中双击，添加一个材质球，并将其重命名为"天空"，如图 8-354 所示。将"材质"面板中的"天空"材质拖到"对象"面板中的"天空"对象上。

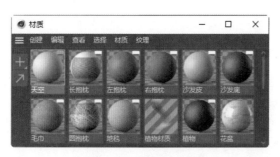

图 8-354

（2）双击"材质"面板中的"天空"材质，弹出"材质编辑器"对话框。在左侧列表中选择"颜色"选项，切换到相应的面板。单击"纹理"选项右侧的 按钮，弹出"打开文件"对话框，选择"Ch08 > 制作客厅装修效果图 > tex > 27"文件，单击"打开"按钮，打开文件，如图 8-355 所示。取消勾选"反射"复选框。单击"关闭"按钮，关闭对话框。

（3）单击"编辑渲染设置"按钮 ，弹出"渲染设置"对话框。在左侧列表中选择"保存"选项，切换到相应的面板，设置"格式"为"PNG"。在左侧列表中勾选"多通道"复选框，单击"多通道渲染"按钮，在弹出的下拉菜单中选择"环境吸收"命令。

（4）单击"效果"按钮，在弹出的下拉菜单中选择"全局光照"命令，左侧列表中会添加"全局光照"选项。单击"效果"按钮，在弹出的下拉菜单中选择"环境吸收"命令，左侧列表中会添加"环境吸收"选项，并取消勾选"应用到场景"复选框。单击"关闭"按钮，关闭对话框。

图 8-355

（5）单击"渲染到图像查看器"按钮，弹出"图像查看器"对话框，如图 8-356 所示。渲染完成后，单击对话框中的"将图像另存为"按钮，弹出"保存"对话框，如图 8-357所示。

图 8-356

图 8-357

（6）单击"保存"对话框中的"确定"按钮，弹出"保存对话"对话框，在对话框中选择要保存文件的位置，并在"文件名"文本框中输入名称，设置完成后，单击"保存"按钮，保存图像，效果如图 8-358 所示。客厅装修效果图制作完成。

图 8-358

任务 8.6 项目演练——制作美食宣传活动页

任务 8.6 微课 1

任务 8.6 微课 2

任务 8.6 微课 3

任务 8.6 微课 4

任务 8.6 微课 5

任务 8.6 微课 6

任务 8.6 微课 7

任务 8.6 微课 8

任务 8.6 微课 9

任务 8.6 微课 10

任务 8.6 微课 11

8.6.1 任务引入

多多特卖是一家零食电商，该商家近期要举行一场"美食狂欢节"活动，需要为活动页面制作动画效果，要求设计风格活泼，能体现活动力度。

8.6.2　任务实施

　　使用多种参数化工具、生成器建模工具以及多边形建模工具建立模型，使用"摄像机"工具控制视图的显示效果，使用"区域光"工具制作灯光效果，使用"材质"面板创建材质并设置材质参数，使用"天空"工具创建环境效果，使用"编辑渲染设置"按钮和"渲染到图像查看器"按钮渲染图像。最终效果参看云盘中的"Ch08/制作美食宣传活动页/工程文件.c4d"，如图 8-359 所示。

图 8-359